陈黄祥　徐勇军

大学生发明创造
与专利申请

DAXUESHENG FAMING CHUANGZAO
YU ZHUANLI SHENQING

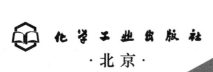

本书将发明创造技法、知识产权和专利申请三方面的知识融合在一起。内容新颖、独特，让学生在上课的过程就可以掌握发明创造的技巧，同时也产生好的发明创意。并且了解知识产权，掌握如何申请专利，如何撰写专利书。在内容上强调学员的参与性，案例选择上强调真实性，是一本实操性很强的教材。对培养创新型大学生起到很好的作用。

全书分为大学生与专利知识篇、发明创造技法篇、知识产权篇、专利书撰写篇四个篇章。在发明创造技法篇中，通过十个适合大学生的创造技法的学习，让学生们从实践中感受到发明创造是有科学方法的，是有一定规律的，是人人都能具备的本领，是人类劳动中最高级、最活跃、最复杂、也是最有意义的一种实践活动。在知识产权篇中，图文并茂，形象地解说了知识产权的重要性。在专利书撰写篇中，总结了专利书撰写的要点，列举了最新的实用新型、外观设计和发明专利案例。这些例子简单明了，让大家在撰写专利书的时候，有了写作参考。

本书可作为在校大学生教学用书，也可供有志从事发明创造和专利申请的人员参考。

图书在版编目（CIP）数据

大学生发明创造与专利申请/陈黄祥，徐勇军. —北京：化学工业出版社，2008.6（2024.2重印）
ISBN 978-7-122-02801-3

Ⅰ. 大… Ⅱ. ①陈…②徐… Ⅲ. 创造发明-专利申请-基本知识-中国　Ⅳ. G306.3

中国版本图书馆 CIP 数据核字（2008）第 102168 号

责任编辑：韩庆利　　　　　　　　　　装帧设计：刘丽华
责任校对：陈　静

出版发行：化学工业出版社（北京市东城区青年湖南街 13 号　邮政编码 100011）
印　　装：北京虎彩文化传播有限公司
880mm×1230mm　1/32　印张 4¼　字数 122 千字　2024 年 2 月北京第 1 版第 10 次印刷

购书咨询：010-64518888　　　　　　　售后服务：010-64518899
网　　址：http://www.cip.com.cn
凡购买本书，如有缺损质量问题，本社销售中心负责调换。

定　价：20.00 元　　　　　　　　　　　　　　　版权所有　违者必究

前言

笔者在高校做学生科技辅导工作已有5年。在这几年里，一直坚持创造技法和知识产权的研究和学习；并引导学生参加发明创造。辅导学生获得多项省内、国内的大学生挑战杯创业大赛的奖项和第二课堂科技竞赛的奖项；常常给学生义务辅导"发明创造学"的课程，指导学生申请了多项国内发明专利。

经过三年的努力，笔者终把发明创造技法、知识产权和专利申请三个方面的知识融合在一本教学用书中。

在这本书的"发明创造技法篇"中，通过十个适合大学生的创造技法的学习，让学生们从实践中感受到发明创造是有科学方法的，是有一定规律的，是人人都能具备的本领。让学生认识到——发明创造是人类劳动中最高级、最活跃、最复杂、也是最有意义的一种实践活动，其实质是：人类追求新的有价值的功能系统。

贝弗里奇曾说："具有天赋研究能力的旷世稀才不会得益于研究方法的指导，但未来的研究工作者多数不是天才，给这些人以若干科研方法的指点，较之听任他们凭借个人经验事倍功半地摸索，应有助于他们早出成果"（《科学研究的艺术》序）。这句话，无疑强调了"方法"的重要意义和作用。在发明创造中，方法同样如此。从教育角度上，是给予；而从学习角度，则应是掌握。每个有志发明者或者有志成功者，都应该用具体方法努力武装自己。自觉地学习和运用科学方法，是发明创造和在自己的专业领域表现卓越的有效而有力的保证，也是成功的捷径。

在发明创造的过程中，也应该了解知识产权的知识，学习如何申请专利，如何撰写专利书。一个人当它曾经申请过发明专利，才会深刻地认识——知识产权对国家、对民族和个人的重要性；同时也认识到专利是一个设计方案，要经历：需求→动机→选择→定题→解题→实验→开发的过程。申请专利也是对自己创造发明的总结，说明了自己有一定的创新能力，对于所申请专利的专业领域有一定的研究并有独到之处，可让自己在就业、晋升或创业时带来很强的竞争优势。

本书在知识产权篇，图文并茂，形象地解说了知识产权的重要性；在专利书撰写篇，总结了专利书撰写的要点，列举了最新的实用新型、外观设计和发明专利案例。这些例子简单明了，让大家在撰写专利书的时候，有了写作参考。

最后笔者建议："鼓励在校学生，在学习期间，毕业前，独立，又或者多人，经过系统的发明创造技法学习后，申请一项或多项发明专利。即在老师的指导下，撰写一份或多份申请专利文件。"哪怕申请后，没有获得授权，但可以经历一下申请专利前发明创造的过程：现有技术检索，未授权前的查新检索，接受专利实审员的答辩。这些活动，对于激发我们对科学技术领域的兴趣，喜欢做科学实验，了解所接触的技术领域发展水平，培养善于观察，勤于实践，乐于创造的习惯，培养钻研精神、团队合作精神、冒险精神；对了解经济和物质的、社会或个体需求、人际关系等，都有很大的帮助和收益。

本书主要由陈黄祥编写，徐勇军老师也参与了部分内容（知识产权篇）的编写工作。同时也得到专利代理人高级研究员黄大宇老师的指导，"发明创造小组"的郑金贵、张国辉、冯朝光、李贷欣、何智文、罗永洪、陈家同等成员的大力协助，在此一并表示衷心的感谢。因笔者水平有限，不免有疏漏和欠妥之处，希望批评指出！

陈黄祥
2008 年 5 月

目录

大学生与专利知识篇 1
 一、大学生参与发明与申请专利 / 3
 二、现代大学生创造发明事迹 / 8
 三、专利的好处 / 13
 四、国家和学校对在校大学生申请专利如何支持 / 17
 五、大学生如何成为专利代理人 / 20

发明创造技法篇 23
 一、发明创造活动的十大基本规律 / 25
 二、组合创造法 / 31
 三、专利利用创造法 / 38
 四、生活改造创造法 / 46
 五、回归原点创造法 / 52
 六、大胆联想创造法 / 57
 七、技术辐射创造法 / 63
 八、逼发创意创造法 / 67
 九、小团队——军团风暴法 / 72
 十、中型团队——旧物列举改进法 / 75
 十一、大型团队——集体调查评价创造法 / 77

知识产权篇 79
 一、什么是知识产权 / 81
 二、怎样申请专利 / 84
 三、怎样利用专利信息 / 88
 四、怎样获得专利的保护 / 91
 五、怎样组织专利实施 / 94
 六、我国知识产权情况 / 97

专利书撰写篇 99

一、如何撰写专利书 / 101

二、案例一 "拖地鞋"（实用新型） / 105

三、案例二 "可保温的方便面容器"（实用新型） / 112

四、案例三 三毛挂钩（外观设计） / 116

五、案例四 牛头型茶壶（外观设计） / 117

六、案例五 手提折叠自行车（发明专利） / 118

参考文献 ·· **123**

大学生与专利知识篇

一、大学生参与发明与申请专利

有时候在一些大学生聚集的场合，向大学生们发问："你曾经申请过发明专利吗？"答案大都是说："没有"。又问："你们知道什么是知识产权吗？专利发明有哪几种形式？"能回答者寥寥无几。显而易见，大部分大学生很少参与发明创造，对专利的知识也不熟悉。这是不是我们的基础教育方面没有顾及到的知识范畴？或者大家认为这是比较专业的知识，所以很少人去涉足？难道这就是导致我国大学生的发明创造不多，专利申请率低的瓶颈？

今天，重视专利和肯定专利已经提到很高的地位，但在大学中开设"专利"课程还比较少见，更少有大学生去学习专利知识，开展发明创造和申请专利活动。随着我国社会经济的发展，中国成为知识产权大国，指导和推动大学生开展发明创造和申请专利的活动将是势在必行，大势所趋！

省级与国家级"大学生挑战杯"大赛是我国大学生课外科技学术成果竞技与交流的一场盛会，每年有近1500多个科技项目参与比赛，其中第六届大赛期间科技成果转让成交额突破1亿元人民币，为促进我国高校科技成果向现实生产力转化做出了不可磨灭的贡献。在大赛活动中，为数不多的大学生的发明创造的作品申请了发明专利，正是因为这些作品有了发明专利的保护，他们的成果获得了专家的认可，有的项目转让获得了成功，更有一些项目获得了风险投资。但参赛的多数大学生缺乏专利知识，他们没有去申请发明专利，这的确是一点遗憾！

华中科技大学的三名学生发明了"防盗"热水瓶，所用的材料成本不过3元钱，却解决热水瓶丢失的问题，并获得了专利，为以后创业打下了基础。广东工贸职业技术学院有一名学生发明了可保温的方便面容器，并获得专利等等。这些在我们身边发生的大学生参与发明和申请专利事实说明：在教师的正确引导下，培养大学生们学会观察，勤于实践和努力创造，发明和申请专利将成为一件容易的事情。

根据近几年来指导大学生参与发明创造与申请专利活动的经历，下面从培养大学生的发明创造能力，保护知识产权和大学生的切身利益，加强专利知识教育，发明创造的主观因素和客观因素，大学生发明创造申请专利与就业和创业之间的关系等几个方面进行了具体分析，论述和总结。希望能对大学生参与发明创造和申请专利的活动起到抛砖引玉的作用。

（一）从方法入手培养大学生的发明创造能力

综合国力的竞争实际上是高科技的竞争、人才的竞争。高等学校作为培养具有创新精神和实践能力的高级专门人才的摇篮和发展科学技术文化、促进社会主义现代化建设的重要阵地，要强化素质教育，不断进行教学改革，力求通过教学发展学生的创造性思维，培养创造性人才。而创造性人才最直接的表现就是发明创造。

要使大学生能够参与发明创造和申请专利，首先就要让大学生学习和掌握发明创造的方法，逐步培养和不断提高大学生发明创造的能力，这样才能使大学生的发明创造和申请专利活动持续地开展下去。

在发明创造中，教会学生们使用方法，就等于让学生拥有打开发明创造大门的金钥匙。从教育角度上，是"给予"；而从学习角度，则应是"掌握"。每个有志发明者或者有志成功者，都应该学会用"方法"来武装自己。自觉地学习和运用科学的方法，这是发明创造和在自己的专业领域中表现出"卓越"的有效和有力的保证。

（二）申请专利保护了知识产权和大学生的切身利益

美国第16任总统、发明人林肯说"专利制度是为智慧之火添加利益之油"。一项专利产品对于发明专利人来说，可以独家生产、独家销售和独家转让。在市场竞争中，运用经济手段，获取最大的利润回报。如果我们有了发明创造不去申请专利而随便公开，就有可能被他人夺走了宝贵的发明。很遗憾的是，有些大学生已经有了成熟的技术方案，由于某种原因，而被他人夺走了宝贵的发明。我们一定要记住："设想"和"建议"是得不到法律保护的。所以我们得去申请专利。我们有了专利就有了保护，专利可通过转让专利技术或实施专利许可来获得经济效益，专利可以作为投资，专利可以保护企业的生存和发展；另外，专利还可让在校大学生在将来就业时带来很强的竞争优势。在能力和名誉上，申请专利说明了你有一定的创新能力，对于所申请专利的专业领域有一定的研究并有独到之处。

（三）加强对大学生专利知识的教育

在指导大学生进行发明创造活动的同时，必须加强对大学生专利知识的教育。要让大学生了解知识产权的有关知识，让大学生了解申请专利的过程，让大学生知道如何去撰写专利申请书等等。实际上，一个人去申请发明专利，必须具备的条件并不苛刻。发明创造也并非如一些人所想象得那么高不可攀和深不可测。只要你具有基础知识和专业知识，在日常生活工作中注意观察，不断积累和总结经验，加上有一个经济的头脑，获得"一项含有意想不到效果的、具有实用经济价值的发明专利"就并不困难。在大学生参与发明和申请专利的过程中，大学生还会得益于专利申请代理人的鼓励、解释和支持，直到获得最后的成功。

（四）发明创造的主观因素和客观因素

发明创造是人类劳动中最高级、最活跃、最复杂、也是最有意义的一种实践活动，其实质是：人类追求新的有价值的功能系统。而发明创造可以发展生产力，推动社会进步，改善人类的生活环境和劳动环境，因此发明创造是人类最宝贵的财富。当今是知识爆炸的时代，国家之间、企业之间的竞争日趋激烈，从现象上看这是产品的竞争，从实质上看这是智力的竞争，是创造力的竞争。

在大学生发明创造和申请专利的活动中，指导老师和大学生们都亲身感受到了发明创造的一些主观因素：积极的意识、奇特的思维、坚定的自信心、广泛的兴趣、丰富的想象力、不怕失败的勇气、敏锐的观察力、强烈的竞争心理、不易满足的性格、有独立决断的气质、动手操作的能力、专业基础和技能、文化修养、美好的心灵和积极的精神状态、科学的方法和技巧。指导老师和大学生们也亲身感受到了发明创造的一些客观因素：经济和物质的、社会或个体的需求，人际关系，支持环境等等。提醒准备参与或正在参与发明创造和申请专利的大学生们，必须努力在思维、心理、行为、技术和能力的综合训练中得到最大的锻炼和最完整的训练，来逐步使自己具备这些与发明创造密切相关的主观因素，还要努力去争取一切可能争取到的发明创造的客观因素。只有这样，才能全面迅速提高自己发明创造的能力，获取发明创造和申请专利的成功。

（五）大学生可以向专利代理人的职业发展

近十多年来，随着我国综合国力的提高，我国科技水平有了很大的进步，国民的科技素质得到不断的提高。在国际环境的影响下，我国的专利申请越来越多，但是做专利代理的人却很少，能有很强的专业知识的国内或涉外专利代理人就更少。特别是近两年的发展，随着知识产权工作重要性的日益体现和我国专利申请量的快速增长，现有的专利代理人已经不能适应形势和事业发展的需要。为了适应社会发展，已出现了一个金领行业——专利代理人。

从2006年开始，为了提高人们进行发明创造和申请专利的积极性，促进专利代理行业的健康发展和适应社会发展的需要，我国有关部门把每两年一次的专利代理人考试改成每年一次。我们高校各个专业的大学生中，其中有一些人就可以向专利代理人的方向进行培养和向专利代理人的职业发展。

（六）发明专利与就业和创业

大学学习期间倡导大学生们积极参与发明创造和申请专利的活动，对大学生毕业后就业和创业都将会有极大的帮助。在大学期间经历过发明创造和申请专利的大学生在毕业一段时间后，将有些人会因为自己已经具备创新能力，而在就业岗位上得到更快的晋升，或者在创业方面捕捉到更多机会；还有一些人将进入专利申请和专利管理的部门或企业工作，他们将为我国的知识产权的保护和发展做出贡献。

近几年来，我国的各级政府部门和各个高校的有关部门大幅度加大了对大学生参与发明创造和申请专利活动的鼓励和支持，各种举措都十分有利于营造大学生参与发明创造和申请专利的大环境和小环境。

写下你学习《发明创造与专利申请》的目的（如希望达到什么目标，让你熟悉的同学做你的目标证明人，让他帮忙签字监督。）

自己签字：
证明人签字：
年　　月　　日

二、现代大学生创造发明事迹

要说创造发明难,其实也不难,只要多留意身边的事,多想办法解决,多搜查相关知识,创造发明就在我们身边。

(一)事迹一 "双轴式推拉门"

灵感之"门",通向缤纷世界。

齐齐哈尔大学化工学院学生董航在家过大二寒假,在打开冰箱门拿饮料的时候头脑里闪现出一个想法:"这门如果能够左右双开多方便啊!"有了思路后,他琢磨起来,把"双开门"的草图画了又画,心里一直研究这件事,经过多次努力,终于设计出"双轴式推拉门"的图稿,并且申请获得了国家实用新型专利(专利号:200620023256.5)。"双轴式推拉门"这项专利由香港国际评估事务所评估,国内转让价值达两千多万元人民币,还获得了第七届香港国际专利发明博览会专利发明奖金奖。董航因此拿到了香港特别行政区高级工程师证书。连云港金亚集团引进双开门项目,聘用这个"十分有潜力的"大学生当经理,从此,"双轴式推拉门",最终成为一种技术、一项产业,也成就了董航辉煌灿烂的人生!(来源:CCTV我爱发明)

(二)事迹二 一种带卫生护套的筷子

小发明大作为。

张家口建工学院土木系三年级学生温世明发现,人们日常用的筷子中,要么是一次性筷子,实在太浪费了;要么就是重复使用的,卫生难以保证。于是,他仔细调查研究发现,给筷子上套是十分可行的,这样筷子不是一次性的了,套变成一次性的,这样,既减少一次性筷子的浪费,节省大量的木材,有益于环保,又减少禁止一次性筷子的使用带来肝炎和各类传染病传染的概率。2006年11月12日,温世明拿到了该项技术的国家专利证书(专利号:200320111206.9)。

（三）事迹三　大学生研制瓶装洗衣粉获国家专利

2006年9月，山东大学威海分校新闻传播学院大三学生李鑫，无意中看到该校学生课外科技作品竞赛的通知，本就喜欢琢磨事情的她便动起了脑筋。想到平时洗衣服的时候，袋装的洗衣粉容易受潮，使用时也非常麻烦，不仅无法掌握用量，还经常撒出来造成浪费。很多人在购买洗衣粉回家后，还需要"自行包装"，有的则把袋里的洗衣粉装到矿泉水瓶中使用。但这样洗衣粉仍然容易受潮结块，堵在瓶口，使用起来还是不方便。

李鑫就想，能不能改变一下现在洗衣粉的盛放方式，用塑料瓶盛放洗衣粉，解决袋装洗衣粉的种种难题呢？于是，她就在老师的指导下，通过论坛发帖、朋友介绍等多种方式，和本校艺术学院的于家正、法学院的付文升、商学院的刘祥平以及哈工大（威海）的戴晓华五人组成了"生活显微镜"团队。通过团队的力量，2006年11月，五名大学生成功地发明了能够解决袋装洗衣粉难题的"洗衣粉便利瓶"。2006年12月中旬，属于她们自己的专利申请号诞生了。从那时起，涉及洗衣粉便利瓶的一系列权利都受到了法律的保护。（来源：大众网　王永田　刘洁　李宏君）

（四）事迹四　新型水下呼吸器

人们对潜水员背着重重的氧气瓶在海底艰难行走的样子并不陌生，哈尔滨工业大学的一项发明有望使他们沉重的脚步变得轻盈起来。

由哈尔滨工业大学市政环境工程学院两名大四学生冯文涛和刘旸发明的水下呼吸器，利用减压原理提取海水中的氧气，一旦应用将大大延长人类在水底停留的时间和提高灵活性。

以往人类在水下获得氧气的方法主要采用人造血红蛋白，利用技术手段把其中富集的水中氧气解析出来，供潜水人员呼吸或潜艇使用，没有时间限制。但由于成本过高，至今无法投入产业化生产。

另一种方法就是使用传统的氧气瓶，潜水员在水下停留的时间取决于氧气瓶的容量，超过时限就需要更换氧气瓶，过程繁琐且费用昂贵。另外，氧气瓶的重量往往会影响潜水员在水中的平衡。

哈尔滨工业大学的这项发明可以很好地解决潜水人员负重作业以及

作业时间受限的难题。这种水下呼吸器提供了一种从水中获取氧气的装置及方法：利用一个密闭减压装置，使进入该装置的海水减压；利用气缸体积的变化，在压力减小状态下将气体析出；将负压装置析出的气水混合物通过气水分离设备，进行气水分离，排除剩余水，收集其中气体；将收集的气体送至气体净化室，除去有毒有害物质，净化气体，使之成为能供应人正常呼吸需要的气体，存入储气室。

该发明目前已申请国家专利。（来源：科技日报）

（五）事迹五　大学生专利大户——刘春生

2006年5月30日，新华社、中国新闻社、中国青年报、新华日报、江南时报、南京晨报、江苏经济报、江苏法制报、中国江苏网、江苏教育电视台等多家新闻单位，赴江苏大学采访该校工程热物理专业硕士研究生刘春生同学的先进事迹。刘春生同学在读本科期间的4年中研制出16项科技成果（能识别假币的钱包、室内自动调温的热水器、二级啮合齿轮泵、行星轮齿轮泵、灯光水枪、"'康维'微动力便携式电源"等）并获得国家发明专利，获批的专利有的还被评为"中国最具有市场前景的200项专利"之一、"伯尔尼国际专利技术成果博览会金奖"，他还荣获2005年度"江苏省十佳青年学生"荣誉称号。在江苏省"挑战杯"创业计划大赛第一阶段比赛中，他的"康维微动力便携式电源"进入了银奖。那么，是什么造就了这样一位"专利大户"？

提起自己的第一个发明专利——"能识别假币的钱包"，刘春生说，"没多少科技含量，纯属心血来潮的产物。"当时刚入校才半年的他打算参加学校组织的"星光杯"课外科技作品竞赛，但拿什么去参赛他心里没谱。忽然有一天脑子里突然闪现一个念头：如果有一种钱包既能放钱，还能识别假币，那该多好啊！于是，他就将这"一闪念"写成了一个创作方案参加了比赛。没想到后来，校科协的一位指导老师找到了他，对他说：创意不错，为什么不去申请个专利呢？这位老师熟悉专利申请，在他的指导下，刘春生对原来的设计方案修改完善后进行了申请。10个月后，刘春生顺利拿到第一个专利——"能识别假币的钱夹"。那年暑假，初尝发明快乐的他，为了让这一瘦身版的"验钞机"变成实物，可是费了不少劲。为了配一个紫光灯，他几乎跑遍老家徐州所有的电器配件店，就是没有适合钱夹尺寸的，最后没办法，只好"忍痛"花了60多元买了个验钞机,拆下那个零件。2003年,这项专利被评为"中国最具有市场前景的200项专利"之一,并先后获得"伯尔尼国际专利技术成果博览会金奖"和"2003香港国际专利技术博览会金奖"。

之后,刘春生的发明热情进一步高涨,而且发明物的"专业性能"、"科技含量"也越来越高。

刘春生说,他的成功是偶然的,也是必然的,"因为学校和学院为我的成长营造了一个良好的创新氛围。"特别是学校针对大学生的科研立项,每年举办的"星光杯"创业计划大赛、科技作品大赛等,为他的科研工作提供了坚实的平台。学校设立专门的专利基金,承担师生专利申请全部费用的80%,一系列的创新激励机制,更是让他直接受益。同时,老师们及时指导,特别是参与老师的课题研究,让他很有收获。此外,他认为搞研究和发明创造,"韧性至关重要",有了想法,就要努力去"尝试和实践这些想法。"

(六) 事迹六 外国大学生的发明创造故事

1. 给植物打电话的传感系统

一项发明的问世往往就是由一个人的好奇心产生。"植物打电话"也许我们都很想知道为什么。

美国纽约大学的4名硕士研究生最近发明了一种先进的"植物打电话"传感系统,这套系统可以探测出植物的湿度、温度、光照量、二氧化碳和氧气排放量,这些信息可以通过一个计算机软件进行分析,如果植物面临缺水,那么该软件系统会向主人的手机打出一个电话或向主人的邮箱发一封电子邮件,要求主人赶快浇水。(来源:TOM科技)

2. "发声"的电子手套

沙特阿拉伯一名大学生新发明了一种会"发声"的电子手套,它可以将聋哑人士的手语翻译成有声语言,从而便于聋哑人士与他人交流。这种"发声"手套与一个放置在使用者口袋中的微型电脑相连,手套上的传感器可将手语信号传送到微型电脑中进行处理,然后通过固定在手套末端的微型扩音器将手语信号转化成"有声语言"。声音的最大传送距离可达5米。据报道,聋哑人士甚至可以通过手套上的按钮,选择让手套发出适合自己的男声、女声或童声。手套发明者、沙特法赫德国王石油矿产大学物理系在读学生艾布·迪耶说,自己因为想解决聋哑人士

和他人交流困难的问题,萌生了发明"发声"手套的念头。(来源:新华社)

3. 大学生发明的放电外套

两名印度国立服装工艺学院的大学生 Shilpi Vaish 和 Kumar Roshan 日前研制成功了一种可帮助妇女摆脱流氓骚扰的外套。从表面上看,这种外套并无任何特别之处。但在织成这种衣物的纤维中却隐藏着一张精细的金属网。当穿着这种服装的妇女遇到流氓骚扰时,她只需按一下隐藏在腰间的按钮,便会立刻让来犯者遭到 70—100 伏电流的痛击。而与此同时,穿戴者的身体却会受到绝缘体的可靠保护。目前,两名大学生正在为他们的这项发明申请专利。据前不久进行的一项调查,有 99% 的受访女性都表示愿意穿着这种能够放电的外套(全重约 450 克)。如果该项发明能够投入批量生产,其售价将只有 855 卢比(约合 20 美元)。(来源:TOM 科技)

这些发生在我们身边的发明事迹告诉我们:大学生从事发明创造,缺的不是知识,而是运用知识的能力与智慧,亦即实践过程中,"点击"灵感、"放大"灵感的技巧。"有些想法虽然很小,但做了以后可能会对我们的影响很大。"我们善于在生活中"捕捉小想法"、并且努力去"实践小想法",学会观察,勤于实践,努力创造,发明将变成一件很容易的事情。

三、专利的好处

1. 能力和名誉上

申请专利说明了你有一定的创新能力,对于所申请专利的专业领域有一定的研究并有独到之处,可让自己在就业、晋升或创业时带来很强的竞争优势。也可以得到上司、同事、朋友和亲人的表扬和支持。

2. 取得垄断权

中国专利是向全世界公开的,并且中国专利局和世界上最权威的知识产权组织有合作,我们就某项发明创造在中国申请专利,可以阻止世界上任何人就同样的发明创造获得专利。同时专利权人可以直接防止商业对手相应的竞争,可以取得更高的利润回报。

3. 赚取特许费

一项专利可独家"垄断"专利产品销售市场,独自实施专利,获得经济效益;即使市场没有即时需要,那么日后很可能有人会察觉到该专利的用途,并愿意支付专利使用费。美国施乐公司发明了图形用户界面,但未申请专利,其后微软公司及苹果公司利用图形用户界面作为其个人电脑操作系统的基础,初步估计,施乐公司已白白损失了近10亿美元的特许费,而在另一方面,IBM公司在2001年通过转让专利,获得17亿美元的收入。

4. 作为防卫盾

如发明人未能在第一时间申请专利,竞争对手便会捷足先登,届时,发明人研发的一切努力将会付诸东流,且发明人本人将不可运用本身的科研成果。用保密的手段来保护自己的技术成果,是很难做到真正保密的。一是会在无意中泄密或被恶意盗取。二是物化了的技术成果在目前高超的分析技术下更会暴露无遗。三是参与开发的人员连人带技术进了别的企业或自己办企业。拥有一项受《专利法》保护的技术成果,以法律形式确定了被授予专利权的发明创造的独占性,而不怕"泄密",更不怕因本单位技术人员的"跳槽"使技术成果流失。

5. 协助开发外国市场

目前世界上已有170多个国家和地区建立并实行了专利制度，不少外国买家，尤其美国买家会要求当地制造商或卖家证明其拥有产品的知识产权，以保障本身不至于卷入侵权诉讼，这样才会愿意进行交易。

6. 以小胜大，增强企业竞争力

专利对大、中、小型企业及新型企业都同等重要，在竞争激烈的市场上，小型企业完全可以利用专利的新发明反胜大型企业用巨额广告树立起来的主导产品。

7. 增加企业的价值

企业无形资产的存量，提高了企业的品位，如有第三人愿入股投资一公司，若该公司拥有若干有价值的专利，则公司的股价将可大幅度提高。1997年微软公司以4.25亿美元收购一家拥有不足6000用户的小公司，收购价是按用户数目计算的业内平均价格的40倍，微软公司愿意以该股价支付是因为该公司持有35项以互联网传送电视内容的重要专利。

8. 有利于企业科学正确的决策

通过专利分析，企业可以了解科技动态，行业动态，市场走向，新产品趋势，进而预测，制定本企业的近、中、远发展规划，确定企业发展哪些产品以占据市场，保持企业的领先地位，扩大市场占有份额。

9. 专利融资好处多

任何可预测的收入都可以证券化，知识产权这样的无形资产的收益当然也可以证券化。一些公司可能负有大量债务，这当然会影响到它们的收支平衡。通过专利证券化，这些公司便有一条筹资的途径，而且这也有助于收支平衡，因为这些债权不可追还，惟一的担保是专利。1997年，美国的Prudential证券公司就以摇滚明星大卫·波里的唱片赢利为基础，在股市上成功发行了价值5500万美元的证券。此后，金融界的大腕也纷纷加入到该娱乐业著作权证券化的行列中。

在风险进一步降低之前专利的证券化还不大可能大规模发行，而专利收益保险进步却很缓慢，因为专利盈利比其他的盈利预测更难。1999年1月，设在旧金山的投资银行，环球资产资金公司最早宣布进行专利资产证券化。该公司将一种抗癌药物的专利的预期赢利证券化，并将其出售给投资者。

10. 利用手中专利取得风险投资

我们已经听惯了硅谷风险投资的传说，风险投资可以使一个公司从不受人重视的灰姑娘变成美丽富有的公主，这也是所有中国新创办的企业的梦想。但是如何获得风险投资呢？风险投资公司为什么会给你的"天才之火"浇油呢？关键是你拥有核心的专利组合，风险资本家们看好"市场准入障碍"，而专利具有法定的垄断权。几乎所有与风险投资者打过照面的人都了解风险投资家的这一偏好。到1997年，航空设计的洛克希德-马丁公司积累了一批立体飞行模拟器的专利，这些专利一直没有使用。在投资银行的帮助下，他们成立了一家新公司Real 3D，这家公司除专利技术外一无所有，它的目标市场是与其母公司无关系的计算机制图和电脑游戏。但是，由于这些吸引人的专利组合，这个新公司很快就获得了英特尔和硅图（SGl）公司的一亿美元的投资。在新设合资企业中，专利评估也非常重要。例如，2004年7月1日，由法国Thomson和中国TCL联合组建的世界第一大电视机生产企业正式宣告成立。法国Thomson对该合资企业注入10万项专利，为合资企业提供当今世界最尖端的电视生产技术。作为合资条件，对这10万项专利的评估报告影响着Thomson和TCL在合资企业中的权力分配。在国内，专利作价入股已经非常普遍。例如，湖南湘潭大学曾把自己拥有的两项专利作价入股湖南比德化工有限公司、湖南利德材料科技股份有限公司。2003年，相关股份给该校带来股份分红逾50万元。

11. 质押贷款

动产可以质押，知识产权也可以质押，这是《担保法》确认的，但中国企业很少实践，银行业还没有形成共识。这里有一个成功利用专利进行质押贷款的例子。2004年，湖南四达资产评估有限公司对民营企业——永州市湖南八方药业有限公司的"胃复元胶囊及制作方法"、"一种消痹散胶囊及制作方法"两项专利权进行了质押贷款评估。评估结果认为这两项专利价值8630万元。按银行规定的40%抵押额度，上述专利权人与中国农业银行永州市冷水滩区支行签订了2300多万元的贷款合同和专利权质押合同。

专利好处很多,大家也可以写出其他好处;谈谈专利和你将来发展(如创业、工作、学习)的关系。

_____
_____
_____
_____

四、国家和学校对在校大学生申请专利如何支持

为了培育在校大学生的创新意识，提升学生们进行创造性学习的积极性，国家和学校对学生申请专利有多方面的鼓励和支持。下文列举若干例子说明。

（一）广州市发明专利资助申请（大专院校、科研院所、机关、团体及其他事业单位）：

申请的条件：在本市全日制大专院校学习的学生或在本市小学、中学就读的青少年学生。国内发明专利申请费：500元/件。实审费：700元/件（含查新检索费）。发明专利获得本国授权资助费用：4000元/件。国外发明专利申请费：20000元/件。PCT国际专利申请费：10000元/件。发明专利获得外国授权资助费用：10000元/件（资助限于两个国家或地区申请或授权的费用）。实用新型专利获得本国授权资助费用：350元/件。（来源：广州市知识产权局）

（二）陕西在校学生申请国家专利可获资助

从2006年11月1日开始，陕西省在校大、中、小学学生申请国家专利，可获得省知识产权管理部门的资金支持，其中发明专利申请每项可获得800元资助。

为了鼓励全省在校学生开展发明创造活动，积极申请专利，提高广大学生的科技创新意识和知识产权意识，陕西省知识产权局制定了《陕西省在校学生申请专利经费资助办法》，并于2006年11月1日起正式施行。

办法规定，凡陕西省境内普通本科院校（本科生）、大专（高职）院校、独立学院、中专（技工）学校、中小学在校学生申请国家专利的，均可申请专利费用资助。资助的标准为：发明专利每项资助800元，实用新型与外观设计每项资助400元。（来源：陕西知识产权局）

(三) 江苏大学以专利带动自主创新

针对专利申请、授权、许可转让等，江苏大学出台了一系列的激励政策。学校设立了专门的专利基金，承担师生专利申请全部费用的80%，基金数额从最初的5万元增加到10万元、20万元，2006年又增加到30万元。2002—2006年，近四年来已累计资助专利申请与授权达300多项。(来源：科学时报)

(四)《广东工贸职业技术学院学生专才奖、特长奖评定办法》(试行)

第四条　专才奖评奖条件
　　1. 取得国内外发明创造专利者（特等奖）奖励5000元人民币。
　　2. 取得国内外其他专利者（二等奖）奖励2000元人民币。

(五) 辽宁师范大学本科生创新学分实施方案（暂行）

获得授权发明专利者，得5学分，成功申请发明专利者，得3学分；获得授权实用新型专利者，得4学分，成功申请实用新型专利者，得2学分；获得授权外观设计专利者得3学分，成功申请外观设计专利者，得1学分。

(六) 南通纺织职业技术学院学分奖励实施办法（试行）

各类发明创造，包括发明、发现、实用新型、新颖独特的设计、商标、专利等，并得到实际推广的，可获得1—8学分。

(七) 广东工贸职业技术学院学分制实施方法（试行）

第三条　为了鼓励学生积极参加创造、小发明和有关科技活动，对于学生的发明创新获得科技奖励和国家专利，在全国和省级的学科竞赛中获得奖励者，省级奖励予3—5学分，国家级奖励给予6—8学分。

(八) 沈阳建筑大学在校生申请专利居全省首位

2006年以来沈阳建筑大学在学校的知识产权管理、知识产权的意识培育上狠下功夫。学校鼓励学生专利申请,通过从事发明创造、申请专利,来促进学生创新精神和实现能力的培养。2003 年,学校出台了知识产权管理及奖励措施,并在资金方面提供资助,解决学生专利申报的后顾之忧。同时,对学生的专利申请给予大力度的奖励。学校规定,学生取得专利申请号后,发明专利补助 5000 元/项,实用新型专利补助 2000 元/项,外观设计专利补助 2000 元/项。目前,该校的专利申请补助额度在辽宁省高校、企业中是最高的,每年学校在专利申请、管理、实施上的资金投入达到 100 万元。(来源:辽宁知识产权局)

五、大学生如何成为专利代理人

通过创造发明和专利知识的学习，大学生可以向专利代理人的职业发展。

但是什么是专利代理人呢？专利代理人从事什么业务呢？

准确来说专利代理人是指获得了专利代理人资格，持有专利代理人工作证并在专利代理机构专职或兼职从事专利代理工作的人员，受委托人的委托以委托人的名义，在代理权限范围内，办理专利申请或办理专利事务等有关的业务。

（一）要成为专业的专利代理人需要具备四个条件

（1）十八周岁以上，具有完全民事行为能力的中华人民共和国公民；

（2）具有高等院校理工科专业以上的毕业文凭；

（3）从事过两年以上科技或者法律工作；

（4）熟悉专利法律以及相关的法律知识。

并通过国家的考试就能成为专业的专利代理人。

（二）专利代理人从事以下业务

（1）为申请专利提供咨询；

（2）代理撰写专利申请文件、申请专利以及办理审批程序中的各种手续以及批准后的事务；

（3）代理专利申请的复审、专利权的撤销或者无效宣告中的各项事务，或为上述程序提供咨询；

（4）办理专利技术转让的有关事宜，或为其提供咨询；

（5）其他有关专利事务。

在校的大学生，显然有很多要求没有达到。我们又如何成为一个专利代理人呢？大学生要成为专利代理人，有哪些优势和要求呢？

从实际出发，每年我国的大部分发明专利都出自大学。在学校，有些大学生、教师参加发明创造和专利申请，我们可以协助撰写申请；或者，自己参加发明创造，自己练习撰写专利书。在这一过程中不断提高，为毕业后参加代理人考试做好充分的准备，或者为能进入企业的知识产权部门工作做充分准备。在校的大学生现在还是以学习为主的阶段，平时学习时间较多，可以在学校查阅图书馆资料。无论是在时间上、气氛上、资源上都获得很多的方便和优势。

（三）大学生要成为专利代理人的优势

从以上的业务和职业的性质要求来看，我们要成功地成为专利代理人要做到以下几方面。

1. 从职业道德来说

（1）对专利代理人的一个重要的要求是——专利代理人要学会保密。

专利代理人受委托人委托申请专利的时候，无论是从道德要求或是法律规定来说都是要绝对保密的。这样才能保证专利申请的意义和保障委托人的利益。

（2）要诚实和守法。具体来说就是不能向他人透露委托人申请的专利的信息，不能同委托人盗用他人的专利来申请，或明知委托人的专利是盗用的还继续帮他申请，不能在申请中造假或贿赂有关官员使其申请成功以达到某些目的，在办理专利技术转让时也要做到诚实守法。

2. 从职业需要的技能来说

（1）要非常熟悉相关事务。如专利申请的要求、种类，办理申请或转让专利的程序，如何准确的完成相关的程序，有可能的还要熟悉相关涉外的有关专利申请的程序等等，并能熟练为他人提供咨询。

（2）要熟悉相关的法律。专利代理人这行业是一个跟法律相结合的行业，所以要熟悉包括国内和国外的有关法律，并能熟练地运用。

（3）要具备相当高的外语水平。这个行业是一个非常国际化的行业，这一点对于大学生来说，不是一件难事，因为都有英语的必修课；但值得提醒一点的是能拥有英语以外的另一门外语，更能为你以后在这行业里发展提供更大的优势。

（4）要不断地学习，接触最新的技术信息。值得注意的是我们大学生要成为兼职的专利代理人，看似没有什么专业限制，但这个领域是技术与法律的结合，更偏重技术，因为你所接触的内容都是最新的技术，所以理工科专业的会在这方面占很大的优势，但无论你是哪个专业的，要成为专利代理人就要不断地学习，扩大知识面，起码也要做"半个行家"，才能在该领域内游刃有余。

3. 从这个行业的特点和所需的业务素质来说

（1）要求从业人员非常谨慎与细心。

专利申请都是科学技术与法律的结合，无论是在办理程序的顺序要求、还是在撰写文件时，每一个办理程序是否合格或文件的每一个字是否表达严谨，都会关系到委托人背后的许多心血。所以谨慎的工作态度非常重要。

（2）这是一个跨学科的行业，而且各个方面的要求都很高。

它不仅要求专利代理人要绝对地熟练多个学科的知识，还要能够严谨处理许多相关的文件，并且专利申请往往跨度时间长，是一个很烦琐，冗重的工作。这就需要我们要有坚持的恒心和耐性。

因为现在的大学很少有相关的专业设置，所以机会对每个人都是平等的。但正因为是这样，又把我们要进入这个领域的门槛提高了，所以我们都要有很好的自学能力和坚强的毅力。我想这也是它之所以成为金领行业的原因吧。

总之，我们大学生要成为一名合格的专利代理人有自己的优势，但需要努力的方面很多。如果立志进入这个行业，"路漫漫其修远兮，吾将上下而求索"是我们学习态度的写照。

发明创造技法篇

一、发明创造活动的十大基本规律

(一) 规律1：人人都有可能成功——成为发明家

发明创造是科学，但并不神秘和高不可攀，只读过小学二年级的郝永贵，发明了易检修安装的铸铁排水管件系列产品。体育教师荆健康设计发明了"篮球中远距离投篮训练器"；15岁的杜冰蟾发明的"汉字全息码"解决了一个世界性的难题；日本的一位家庭主妇发明了伸缩螺旋式多用锅盖；富兰克林发明花镜时，年龄已是78岁；美国5岁的小孩发明了喝冰淇淋装置。无数事实表明，任何发明创造都是人为的结果。不分年龄、职业、文化程度，也不分国籍、民族和身份，每个人都有可能获得成功，了解这一规律，会更大地激发我们的无限创造力。因为还有很多人对发明创造怀有神秘感，从而动摇了自己的信心，极大地浪费了自己的巨大潜能和创造力。其实，发明创造就是一张窗户纸——一捅就破。

(二) 规律2：发明创造具有可教育性和可训练性

可教育性和可训练性规律，是指人的创造力可通过系统而有效的创造教育和训练，更充分地发挥出并表现为成功的发明创造。系统而有效的创造教育和训练，就是有计划地对人们进行创造学的教育和训练。主要包括创造思维、创造意识、创造规律、创造方法、技术合同法、专利法、生产实际问题解决等，以及具体的理论教育和实践训练。

许多事实表明了发明创造的可教育性规律的可信性。"椭圆保温瓶壳"的发明获全国创新大赛一等奖，就是包头市小学生贺沁铬通过在别人碰倒暖瓶把胆摔碎的偶然事件，在老师启发鼓励下完成的。

湖南轻工专科学校的学生曾五次获得"国际包装最高奖——世界之星奖"。在我国，获这项大奖总计才七次；当年，52所高等院校参加"挑战杯"全国大学生课外科技成果竞赛中，这个专科学校是唯一一所专科档次的院校，而且也是唯一独获两个项目奖的院校。这么令人钦佩的成就，直接得益于该校的创造教育和训练。该校成立了发明协会，办起了校内发明学校，学制一年，校长自编教材，亲自授课。把"创造学与新产品开发"作为各专业学生的必修课。学校成立了专门教研室，这在全国还是第一份。

上海发明学校成立后，上海二轻局局长上门办班。每期两周。学员是各厂技术员，每个学员须带技术难题来上课。办班期间，既帮学员扫清思想障碍，又讲具体发明创造技法，还组织学员对技术难题进行诊断、解题。第一次班结束时，学员带来的26项技术难题，完全或基本解决的有16项，部分解决的6项，只有4项未有答案。学员中很多人又提出了新的发明。前三期班共有109项革新产品，提出开发新产品构想79个。

铁道部株洲车辆厂厂长张宣功坚持亲自下车间传授创造技法，试点车间10天内拿出219条创造性设想，仅一项新钢材库吊具改革，就有近30种方案提出，最后优化为一种，实施后节约开支27万元。后来成立了厂发明协会，把创造学引入职工合理化建议活动中，当年通过各种方案实施，内部消化减利因素取得了近千万元效益。目前，这个厂已把创造学教育培训纳入职工教育培训体系。厂里规定：新职工，包括新来的大中专毕业生，上岗前必须进行创造力开发培训。

另据安徽机电学院教师张克俭对学生的观察、研究和测试结果表明：接受过创造教育的学生，与未受过教育的学生相比，创造意识、思维方法、产生有效创见等方面，平均提高83％。另据上海通用发明学校对学员抽样调查也同样表明：在思考、发现、想象、改革和开发新产品能力等方面，分别有27.5％、43.8％、45.3％、9.1％的学员比培训前提高了5倍。

吉林油田第十一中学，是一所省级重点高中。自从1999年在校内开设"创造思维开发教育讲座课"和积极参加省市、全国青少年创新大赛活动以来，使学生的创新意识和创新能力有了相当大的提高。这所学校先后有1400多项创新成果分别在市、省、国家等各级创新大赛中获奖，其中获得国家级二等奖1项，参赛奖6项，获得省级奖53项。特别是近几年来，由于学生直接参与创新教育，参加科学小论文的研究和写作，对高考写作成绩的大幅度提高，起到了令人折服的明显效果。

如果我们能普遍开展系统的创造教育，让更多的人能自觉地接受创造教育——在各级各类教育中把自觉的创造思维自我开发作为核心必修课，大力开展创造教育，我们将会赢得美好的明天。

（三）规律3：发明创造具有系列性

发明创造的系列性规律，就是"一个发明能再引出新发明"的意思，或者说，成功的第一次发明，往往可以引出新的发明：第二次，第三次……相关发明的成功。大家熟知的，爱迪生一生中共有1280项专利发明，加上非专利发明多达2000多项。这是发明创造系列性规律的最典型而又有说服力的实例。

在我们身边，这样的具体事实也不少。前边曾讲到山西师大发明的篮球投篮训练器，就是一个系列发明成果。在普通篮板的上下左右用大网挡住，投篮后，球落大网，从网底漏出，顺滚道再回到投篮者手中，训练中，可以节省大量人力，并提高训练效率；经改进再加上计数器，可随时记下投中数，投出篮球总数；后将大网下的滚道架，改成机动弹球装置，当球从大网漏出后，弹球装置接住，跟打炮一样，将球弹射给投篮者。这三种装置发明，都获得了专利。发明者目前已进入到该系列发明的第四步，改进弹球仪，使该装置可以自动跟踪投篮者并准确传球给被跟踪人。

在第四届全国青少年科学创造发明比赛中有一组盲人用系列计量工具的发明获了奖。这组工具是：盲人杆枰，盲人卷尺，盲人温度计，盲人闹钟，盲人佐料瓶五种。

东北师大附小孟扬同学，多次发明成功，有的获了奖，有的获得了专利。主要有软图钉——把胶布两面沾胶，解决了水泥墙上用不了铁图钉的困难；夜光巾——在胶布的无胶面用不同形状的磷光片作标记，晚间分别贴在拖鞋、手电、开关等处，方便实用；音乐报警儿童储蓄盒——将一种音乐电开关与储蓄盒触桌面相接，拿起盒，音乐就响；可换衬板的多功能练字黑板等，形成了自己的发明系列。

另外，比如电子系列产品、系列节能炊具、系列充气家具等专利发明，也都可以证明发明创造的系列性规律，这种规律性的主要原因有：一是每次成功，会给人以更大激励力量，使之再攀新目标；二是每次具体的成功，特别是第一次成功，都会增强发明者的自信心；三是获得成功的次数越多，经验越丰富，思路就越宽，机会也就越多。而生活实际又总是有无数的问题需要解决，尤其是，每个问题的解决办法也总是多样的。

（四）规律4：发明创造课题具有广泛性

这个规律有两层含义。一是指发明主体的广泛性：发明课题在每个人身边，机遇人人平等。二是指发明课题的范围广、类别多、涉及方方面面的大千世界。不但专业发明人可以进行，业余发明人可以进行，而且外行人也能进行发明——我们每时每刻都处于发明之中。

（五）规律5：发明创造产生于需要

无论是社会的整体需求，还是每个人的个体需求，或者经济的，或者物质的，或者精神的、方法的等不同领域，不同层次的各种需要，基本上离不开人们如下希望和追求：速度更快、效率更高、方法更简便、价格更便宜、产品更精密、更先进、成本更低、更耐久、工艺更合理、材料更新、外型更美、体积更小、容量更大、功能更全、适应面更广、思路更奇妙、操作更灵活……

为了解决这样种种需要和愿望，人们才不断搞发明创造。或者说，成功的、有价值的发明创造，都是很好地适应了某种需要。小到针线，如有人发明了"双尖锈花针"，大到机器设备；或者简单到一种小工具、一个文字符号，复杂到电子计算机，人工智能，都可以验证这条规律的普遍性。

发明创造产生于需要这条规律，在总体上，合乎人类活动的一般规律性，就是说，人的各项活动总有一定的具体目的，都是为了适应某种需要。另一方面，这一规律告诉我们：在具体的发明创造过程中，力争目标明确，选题准确，尽量有效地适应于需要，这也是发明创造性选题技巧的主要依据。

（六）规律6：发明创造的实践性

大大小小的发明家，首先都是成功的实践者。具体包括肯于动脑，勤于观察，乐于动手，尤其善于思考，善于观察和善于动手——想、看、做是统一的直接的实践。任何具体发明都必须在这些基础性实践能力方面有所准备。很多发明，要经过反复实验。有些发明从方案的构思，咨询，搜集资料，设计草图，试制样品及具体应用开发，每一步都是具体的实践。有些发明要早申请专利，就要会检索利用专利文献，要了解专利知识和有关法律，这也是实践。只有某一方面或几方面的实践能力是不够的，成功的发明者应该具备全面的、综合的实践能力。

（七）规律7：发明创造的偶然性

所谓偶然性，是指在发明创造活动中的题目选择，动因刺激，关键问题的解决，试验中重点、难点的突破，某种技术方法的恰当运用等，由于特殊的场合，意料之外的启发和影响，作为条件，使发明创造发生飞跃性的变化而导致成功。偶然性因素主要有：发明者意识的，观念性和灵性的，外部环境和他人举动、语言的，现有事物的变化，某种方法、技术的缺点等等。

前边讲到的杜冰蟾因父亲的鼓励而作为起点，最终完成了"汉字全息码"的发明等，都可以证明偶然性因素在发明创造中的重要作用。

（八）规律8：发明创造具有发展性

人类总是要进步发展的。因而，发明创造总是无止境的。整体上和具体的发明创造，都是如此。从规律上认识，我们概括为"发展性"。这里强调的主要是发明创造水平的不断提高。

例如，在解决高楼擦玻璃问题方面，人们想出了如下方案。

① 首先在擦拭器具上，发明了各种擦拭器：橡皮泡沫器、活动把手泡沫器、汽车雨刷式擦玻璃器、高压喷射器、吸尘器改装封闭式刷头擦玻璃器等。

② 改造窗框：内外双向窗、整体转动窗框、双轴任意角窗框。

③ 在玻璃上打主意：如变色玻璃、不粘灰尘、不污染的玻璃等。

另外，像炊具、交通工具、家具、生产工具等，总是会存在不足，需要改进。每改一次就出现新的"第一次"、"第一个"，之后，还会有新的发现。总之，发明创造是不断发展的。利用发展性，会不断产生新课题，获得新成果。

（九）规律9：发明创造的有序性

（1）指每项发明创造中的各种要素、条件，实际上是互相间存在着内在的必然联系。

（2）指由于全部发明创造是有类别层次的。具体可分为：

① 最简单的。如三角形日历，只是简单地变一下形。新式油漆刷子，仅仅加了一样附加物。

② 较简单的。如安瓿开启罩，将韧性很强的保护罩组装上活动小砂轮，同时用罩罩住安瓿，用砂轮划瓶颈，再直接掰断，既不扎手，碎玻璃片又好往卫生箱中放。增加了功能，也并不复杂。

③ 一般程度的。如一中学生发明了厕所水箱节水装置，只是在原基础上用一根小绳控制浮子，使在一定数量内出水。这样的发明要仔细观察又要懂相关的道理，还得反复实验。

④ 有一定简单条件的。如病房 YY-88 型呼叫装置，改传统的每个开关一个回路为多个开关为一个回路，选题有一定难度，又得懂专业技术性常识。不然只能选题，却不能顺利解决。

⑤ 有一定难度，又较为复杂的。如汉字全息码。

⑥ 复杂的，难度较大的。如林志春发明的内能机，已具备世界先进水平，是一般人不能办得到的。

⑦ 最复杂的，难度最大的。如人造地球卫星、航天飞机、人工智能、超导材料等，都是多领域、大规模配合，又在各种基础理论、原理以至于思维、观念、方法、管理组织等都必须具备相当高水平时才能解决。

（3）指作为科学技术的发明创造，其偶然性是相对的。首先不是守株待兔。所说的发明创造不难，是一张纸，一捅就破，主要是指对①、②、③或④而言的。所以，有序性，在不同层次的基础上，强调的是科学规律性。或者说，小发明的机遇性多，而大发明的机遇性少。

（十）规律 10：发明创造的效益性

任何发明创造，就根本目的来说，都是为了追求某种具体的效益，或经济的、或时间的、或技术的、或文化精神的等。正是发明创造的效益性，才使其价值越来越得到公认。而成功的发明创造，则势必会直接或间接产生具体的效益。

了解和利用发明创造的基本规律，是搞好具体的创造发明的基本理性保证之一。实际上，我们每个人都可以根据自己的实践和资料，进行发明创造基本规律的总结，对于创造思维开发，特别是创造思维自我开发，大有裨益。

二、组合创造法

★ 要点：

组合创造法是指将两种或两种以上的学说、技术或产品的一部分进行适当的叠加和组合，以形成新学说、新技术或新产品的发明创造方法。组合的思维基础是联想思维，因此通常又称为理想组合。在发明创造领域，组合原理有着广阔的用武之地。在大学生的发明创造活动中，组合原理属于应用最多、效果最好的发明创造原理之一。

下面给大家介绍4种组合发明原理

(一) 主体附加（主体添加）

例子：
（1）摩托罗拉公司以前生产收音机，并濒临破产，后来他们把收音机的体积缩小并装在汽车上，因此获得成功。
（2）照相机加闪光灯。
（3）录像机加遥控器。
（4）汽车加里程表。

课堂训练

1. 自己对"主体附加创造法"的解释
_____
_____

2. 写出4种可以作为主体的物品
（1）_____ （2）_____ （3）_____ （4）_____

3. 写出 4 种可以作为附加物的物品或部件

(1) _____ (2) _____ (3) _____ (4) _____

4. 把第 2 题的 4 个主题与第 3 题的 4 个附加物组合一下,并填入下面的句式中,看看有没有新的创意产生(可以改变附加物的数量、调换主体和附加物的位置,增加更多不同的附加物、更多的组合)

(1) 带_____的_____ (2) 带_____的_____
(3) 带_____的_____ (4) 带_____的_____

那么什么是主体附加创造法呢?

简单说就是主体上附加一个东西,产生一个新的发明。也就是说在原有的物品或技术思想上,增加新的物品或技术思想,从而获得功能更强、性能更好的新的产品。

(二) 异类组合

例子:
(1) 电视电话。
(2) 可以计数的刮胡刀。
(3) 日历式笔架。
(4) 闹钟式收音机。
(5) CT 扫描仪(X 射线+计算机)。

课堂训练

1. 自己对"异类组合创造法"的解释
_____
_____

2. 写出 8 种生活中的物品
(1) _____ (2) _____ (3) _____ (4) _____
(5) _____ (6) _____ (7) _____ (8) _____

3. 使用异类组合创造法写出由第 2 题物品组合的新创意
(1) _____ (2) _____ (3) _____ (4) _____
(5) _____ (6) _____ (7) _____ (8) _____

那么什么是异类组合创造法呢？

两种或两种以上的不同种类的技术思想或物品组合在一起，获得功能更强、性能更好的新的产品。

（三）同类组合

例子：
（1）双管猎枪。
（2）鸳鸯共枕。
（3）情侣表。
（4）龙凤笔。
（5）松下公司的起家产品：单联插座改进为双联和三联插座。

课堂训练

1. 自己对"同类组合创造法"的解释
_____
_____

2. 写出 8 种生活中的可以同类组合的物品
(1) _____ (2) _____ (3) _____ (4) _____
(5) _____ (6) _____ (7) _____ (8) _____

3. 使用同类组合创造法写出由二题物品组合的新创意
(1) _____ (2) _____ (3) _____ (4) _____
(5) _____ (6) _____ (7) _____ (8) _____

那么什么是同类组合创造法呢？

两种或两种以上的相同或相近的技术思想或物品组合在一起，获得功能更强、性能更好的新的产品。

（四）重组组合

例子：
（1）组合家具。
（2）电话机（送话机＋收音器）。

 课堂训练

1. 自己对"重组组合创造法"的解释
_____
_____

2. 写出 4 种生活中的可以重组组合的物品
（1）_____ （2）_____ （3）_____ （4）_____

 那么什么是重组组合创造法呢？

就是在同一事物上施行的，分解原来的事物的组合关系，使用新的技术思想重新组合起来而产生新的功能获得新的成果的创造方法。简单说是重新组合的意思。

注意：（1）在同一事物上施行；
（2）不增加新的技术产品。

故事回放 在现实发明创造中，运用切割组合法获取新成果的例子是层出不穷的。

不久前，在香港市场上出现一种"二合一"风筒熨斗。这种新产品仍将可折合的手提式护发电吹风与理衣电熨斗连接起来的产物,由于它的造型独特、节省空间和方便耐用,深受旅游者的喜爱。

其实,这个巧妙的设计并不复杂,它是以风筒的手柄部分与熨斗的底部相连,而风筒柄又能与筒身折合而成长方形,最后的组合状如普通熨斗。当然,熨斗底部不能单独使用,只能与风筒相连接时,由风筒与熨斗连接部位输入电流。

切削组合法的运用,常能使创制出的产品有非驴非马的特征。比如日本一家公司征求厨房用具创新设计方案,两个月中收到近3000件作品。在这众多的方案中,公司第一个选中的就是一种非驴非马式的设计,它将上口宽的锅与洒水方便的茶壶巧妙地切割组合,似锅似壶,一物多用,尤其适合烧煮面食之用,被人称为"茶壶锅"。

再如,我国某服装厂的设计师王忠容也曾运用切割组合法获得过非驴非马式的新成果。那是1982年的一天,王忠容为一设计项目到某中学作调查。在一次体育课上,当一女生穿裙子跳木马而裙子被木马挂住摔破脸和腿时,女生们便像一群小麻雀叽叽喳喳开了。她们纷纷反映:夏天,她们之所以喜欢穿裙子,一为美观,二图凉爽,但穿裙子参加某些活动又非常不方便,便只好另带短裤。女生们的话启发了王忠容,她想:把裙子和短裤的优点"切割"下来,再组合成一种由裙和裤合而为一的整体,难道不比裙子和短裤各自分开更好些吗?不久,式样大方、穿着舒适的时装——"女式两用裙裤"就诞生了。

通过以上几例,我们已领略到了切割组合法的创新本领。所谓切割组合,是指在发明创造过程中,人们将几种事物进行结构要素分割截取,然后进行组合,其目的是获取某种功能组合式新产品。

"天机云锦用在我,剪裁妙处非刀尺。"运用切割组合,关键在于从整体功能要求出发,创造性地剪裁"天机云锦"。比如,海滨胜地,热闹非凡。金色的沙滩上有无数小蘑菇般的花伞和不尽的男女欢声笑语;碧蓝的海水中脚踏帆板冲浪,双目凝视前方搏击风浪的勇士,手操风帆时而跃上波涛的峰尖,时而跌入汹涌的浪谷,极富冒险和刺激性。但是,非常遗憾,一些欧洲内陆国家却只有沙滩,没有大海。能否利用细软的沙滩地质环境开发新的旅游娱乐项目呢?有人巧用切割组合,发明出时髦的沙滩帆车体育娱乐项目及其设备。所谓沙滩帆车,就是在三轮自行车的基础上,加装一面本来是船上用的即"切割"下来的风帆。人坐在车尾风帆后面,既可操纵驾驶风帆,又能控制帆车的行进方向。这样,驾驶者便可像帆板运动员一样,靠拥熟的技艺和无畏的胆量,乘风扬帆,一会儿迎风疾驰,像穿云苍鹰;一会儿顺风飞驰,如脱缰的野马;一会儿侧风奔腾,似离弦之箭。从飞机上鸟瞰,帆车就像一群彩蝶在地面上飞翔一样,其惊险和速度之快并不逊于摩托车比赛。

看来,只要你能创造性地运用切割组合,即使是荒漠的沙滩也会变成欢快的乐园。

总结自己的发明设想

1. 与组员、同学、舍友或亲人交流自己的设想的合理性(创造性、新颖性、实用性)。

2. 在网络上检索(国家知识产权局和其他网站)和与老师交流。

3. 选择自己满意的创新构想填写在下列表格中,然后交给指导老师,也许这项发明就属于你的了!

学生发明创造方案专利登记表（可另纸加写）

姓名(中文)		性别		年级		辅导老师	
姓名(拼音)			联系电话			手机	
学校名称			学校地址			邮编	
家庭住址							
项目名称							

附图（必须标明各组成部分的名称和作用）

简要说明：
本发明的创新部分是

本发明与同类事物比不同处和优点是

备注

三、专利利用创造法

★ 要点：

专利创造法是指发现原有的专利的缺陷，通过研究和改进，有了新的创造和发明的方法。

爱迪生善于利用原有的专利产品

爱迪生的发明有电灯、留声机、电话、电影、电报机、发电机、蓄电池、打字机、磁铁矿分离机、压力表等等。据不完全统计，自从他发明第一台自动数票机后，一八六九年至一九一零年，他一共获得一千三百二十八种发明专利权，约计在此时期，每十一天他就有一个发明。那么他神奇的秘诀是什么呢？

答案是：他善于利用原有的专利产品。

爱迪生是1847年出生，而电灯的发明专利是1845年英国J. W. 斯塔尔注册的（电灯的发明比爱迪生出生早两年）。为什么J. W. 斯塔尔无人知晓呢？因为他制造的电灯价格惊人地高，约10万英镑一个。英国另一个科学家斯旺根据这个专利技术研究出降低成本的方法，采用含有炭材料的物质的灯丝，并将技术成果撰写成为论文在美国的《科学美国人》杂志发表，爱迪生看到这份材料后，万分高兴，他使用了1600种材料做了成千上万次实验，终于试验出一种竹片烧成炭丝，可以使用1200小时，而且价格十分低，每个灯泡约十美元，并成功地在全世界推广使用。继爱迪生之后，1909年，美国柯进而奇发明了用钨丝代替炭丝，使电灯效率猛增。从此，电灯跃上新台阶，日光灯、碘钨灯等形形色色的灯如雨后春笋般登上照明舞台。

发明家爱迪生如果不是无休止地钻研，不停顿地改进，那么他的许多发明创造便不会日趋更科学，更完善。他发明的留声机是这样，白热电灯也是这样，蓄电池、有声电影等等，都是这样。正如他在白热电灯实验成功后所说："没有一个发明是十全十美的，白热电灯到今日何尝不是例外。有光而无热，这才是理想的光，而现在离这个境界还远呢！"爱迪生虚怀若谷，永远进取的精神，是值得赞扬的。

爱迪生发明的秘诀就是：眼疾手快，善于实践。

爱迪生22岁获得第一项发明：电动投票记录仪器

问：你打算_____岁拿到你的第一项发明专利。

你打算今年获得_____项专利。你打算5年内获得_____项专利。

截止2006年1月1日，我国累计专利360万件，而每项发明都有它的优缺点，只要我们去研究它，改进它，就能有新的创造，新的发明产生。

专利检索：

http：//www.sipo.gov.cn　　中华人民共和国国家知识产权局

http：//www.patent.com.cn　　中国专利信息网

专利学习：

http：//www.cnpatent.com　　中国专利网

http：//www.cnipr.com　　中国知识产权网

http：//www.sfm.org.cn　　上海发明网

点子网：

http：//www.myoic.com　　点子超市

http：//www.795.com.cn　　点子荟萃

最权威的搜索：

搜索内容选择

 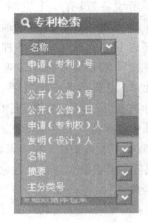

选择"名称",在填框内,可以输入你要搜索的专利的名字:如鼠标、MP3、自行车等。

高级检索

1. 如在高级搜索的"名称"中输入"自行车"

您现在的位置：首页＞专利检索＞搜索结果

| ▶ 发明专利 2379 条 | ▶ 实用新型专利 12214 条 | ▶ 外观设计专利 3355 条 |

序号	申请号	专利名称
1	01142977.1	自行车轮缘
2	02121944.3	用于自行车的带有软缆保持器的电动装置
3	02115893.2	多功能折叠软轴小轮自行车
4	02137855.X	具有异挤型管端的自行车管件制造方法及其制品
5	02124621.1	自行车用防盗操作装置　变速操作装置与变速系统

2. 选择"无鞍座调压驱动自行车"

专利检索 ▶ 您现在的位置：首页＞专利检索

发明专利(2557)条　■ 实用新型专利 (12783)条　■ 外观设计专利 (3588)条

序号	申请号	专利名称
1	03153384.1	无鞍座调压驱动自行车
2	200410014316.2	自行车前叉避震器
3	200410021832.8	直传式自行车传动装置
4	200410069655.0	自行车脚蹬
5	200410014453.6	凸形商标自行车前管的加工工艺
6	200410018773.9	跳轴自行车
7	200410014371.1	碳纤复合材料自行车架

3. 选择"申请公开说明书（10）页"，参考该专利内容

课堂训练

1. 通过网络检索 3 种以上的专利产品，写出它们的名称、作用和缺陷。

• 申请公开说明书 (10) 页

申 请 号：	03153384.1		申 请 日：	2003.08.12
名 称：	无鞍座调压驱动自行车			
公开(公告)号：	CN1559852		公开(公告)日：	2005.01.05
主 分 类 号：	B62K15/00		分案原申请号：	
分 类 号：	B62K15/00:B62K11/00:B62M19/00			
颁 证 日：			优 先 权：	
申请(专利权)人：	何韧			
地 址：	572900海南省琼中县营根机械 杨海明转			
发明(设计)人：	何韧		国际申请：	
国际公布：			进入国家日期：	
专利代理机构：			代理人：	

名称	作用	缺陷

2. 到商场考察 3 种以上的专利产品，写出它们的名称、作用和缺陷。

名称	作用	缺陷

3. 观察身边的 3 种以上的专利产品，写出它们的名称、作用和缺陷。

名称	作用	缺陷

创造技法之母

① 现有产品的用途能否扩大？
② 现有产品或技术能否借助其他创造发明的启示加以改进？
③ 现有的产品能否改进形状、颜色、味道、制造工艺等？
④ 现有的产品能否延长使用寿命？
⑤ 现有的产品能否缩小体积、减少重量，以便分割、组合？
⑥ 能否找到现有材料的替代品？
⑦ 能否改变型号或者更换顺序？
⑧ 颠倒过来使用怎么样？
⑨ 能否将几种技术组合在一起使用？

 **故事回放**　美国的卡尔森毕业于加利福尼亚大学物理系，1930年他在贝尔电话研究所开展研究工作，后转到该所专利科从事专利事务，再后来又去学习法律。他获得法学博士学位后，继续从事专利事务，在马格利公司充当公司专利法律师。

卡尔森在任职期间，看到复写文件需要花费大量而繁重的劳动，因而萌发出发明一种能复制文件的方法。开始，他凭着自己的想象和所学的知识进行了试验研究，但几次试验均告失败。他没有轻易放弃这项研究，但从失败中认识到要解决技术上的难题，必须要进行调查研究，尤其要看看前人或他人在这个问题上有无进展和是否获得过专利。否则，盲目地关起门来研究，很容易步入失败的后尘。

在以后的两年里，卡尔森利用大部分业余时间去纽约国立图书馆调查专利文献，终于发现以前确有人在复印技术上研究过，也获得了一些专利。他对这些专利信息进行了综合分析，了解了各种技术方法及其在实用性上存在的问题。在此基础上，卡尔森综合了前人和他人的研究思路，提出了将光导电性和静电学原理结合的新方案，解决了快速有效复印的技术难题，获得了静电复印技术的基础专利。

随后，美国一家名不见经传的哈依德照相器材公司从专利文献中发现了卡尔森的专利，他们认为这是一项极具市场生命力的新发明，于是收买了卡尔森的专利。同时，他们还从专利文献中广摘博采，收集与复印相关的配套技术。不久,哈依德公司开发研制出具有商业价值的第一台静电复印机。从此,哈依德公司蒸蒸日上,靠复印机的生产经营不断扩大。

  日本现代史上著名的发明家丰田佐吉发明蒸汽机驱动的织布机,也受益于对专利技术的综合。当年,丰田开始研究时,目标并没有明确针对织布机,而是为了寻找有益于自己企业获得发展的有用技术,才开始对专利文献进行调查的。首先他和助手们订阅了刊登全部技术类别的专利和实用新型的日本政府专利公报;其次是买来了外国政府的一些专利公报,以探究各个技术领域中发达国家的技术。当丰田和他的助手审阅了有关纺织的所有专利,并对每项专利都作了简短的评语之后,才发现了发明自动织布机的目标。经过努力,最后开发研制出综合了当代先进技术的蒸汽动力自动织布机。这一发明创造曾使当时以棉纺工业著称于世的英国大为吃惊,反过来向丰田佐吉购买了这项专利。

  类似的例子在我国也不断出现。现在,许多家用电器产品的开发研制,都带有"站在前人肩上"的经历。

  专利利用法是利用专利信息进行再创造的一种技法。运用这种技法的要点是熟悉专利文献和善于进行综合。

  专利文献是最有代表性、数量最大的科技信息库。由于专利技术是一种公开技术,它的说明书和附图,对发明创造者具有很大的参考价值。只要学习过专利文献检索基本知识的人,都可以从专利文献宝库中获得珍贵资料。

  如何综合专利信息进行再创造?从实例中也可以发现有两条基本途径:一是设计思路综合,二是技术综合。前者主要是指在查阅专利文献过程中,不断地形成某种设计思想。例如我们发现专利文献中不断出现各种微缩型新产品技术方案,头脑中便会形成一种"微缩化设计"的新思维,在这种思维的促使下,有利于新的微缩创意的形成。后者主要针对你所想要解决的问题;思考能否将他人的技术方案进行切割组合,或避开他人惯用的技术方案而另辟蹊径。

  因此,运用综合专利法,既可以帮助发明创造者发现新的设计思路,又可促进发明创造者站在前人的肩膀上获取新的目标或问题求解方案。在信息社会里,要想获得新的创造成果,头脑中没有专利信息的概念,几乎是一种可笑的"鸵鸟思维"。

静电复印机　　　　蒸汽动力自动织机　　　　杯式感冒理疗器

 总结自己的发明设想

1. 与组员、同学、舍友或亲人交流自己的设想的合理性（创造性、新颖性、实用性）。

2. 在网络上检索（国家知识产权局和其他网站）和与老师交流。

3. 选择自己满意的创新构想填写在下列表格中，然后交给指导老师，也许这项发明就属于你的了！

学生发明创造方案专利登记表（可另纸加写）

姓名(中文)		性别		年级		辅导老师		
姓名(拼音)			联系电话			手机		
学校名称			学校地址				邮编	
家庭住址								
项目名称								
附图(必须标明各组成部分的名称和作用)								
简要说明： 本发明的创新部分是 本发明与同类事物比不同处和优点是 								
备注								

四、生活改造创造法

★ 要点：

生活改造创造法是指在生活中遇到不如意的事物，然后通过努力改造旧的事物或创造新的事物，使之更方便我们的生活。

 观察。实践。创造

生活是可以改造的，我们都会对所处的环境或者相关的事物不满，有些人对这些会抱怨或感觉到不快乐，有些人会漠不关心，有些人却充满一股热忱想闯出一番事业来。凡是伟大的人物或者成功的人士都是努力改造生活让自己的人生有了新的起点的。

只要我们做到善于观察、勤于实践、乐于创造三点，就可以发明、可以创造，让自己的人生有了新的起点。

"快乐永远在我们所能达到的地方，我们只需伸出手去，就可捉住它"，法国大作家乔治·桑如是说。同样的，"生活改造就在我们身边，我们只需多点观察，就可发现它"。

一个人如果下决心要成为什么样的人，或者下决心要做成什么样的事，那么，意志或者说动机的驱动力会使他心想事成，如愿以偿。所以，从现在开始，我们都决心做个勤于改造生活的人，努力改造旧的和创造新的人们所需要的生活用品。

实例：

下雨—雨伞—裤子湿—防雨套

冬天—菜凉—暖菜盘

衬衫领容易脏—防脏衬衫

课堂训练

1. 写出三个以上的生活中存在缺陷的物品

名称　　　　缺陷　　　　改进　　　　新名称
_____
_____
_____
_____

2. 写出三个以上的新发明的生活物品（没有存在的）
_____
_____

十二 聪明创造法

★ 要点：

1. 加一加。可在现有的发明基础上加大、加长、加高、加厚或加在一起等。

　　　　　例子：电脑＋车床＝数控车床；电脑＋X光＝医院CT；物体振动频率增加到20000赫兹＝超声波。

2. 减一减。可在现有的发明基础上减少时间、次数、某项功能或某部分等。

　　　　　例子：单轮自行车；快速复印机。

3. 扩一扩。可在现有的发明基础上放大、扩展。

　　　　　例子：投影机；电炉扩展为电热毯。

4. 缩一缩。可在现有的发明基础上缩小体积

　　　　　例子：折叠雨伞；小保温瓶。

5. 变一变。可在现有的发明基础上改变形状、颜色、味道、次序、时间和大小等。

例子：绞肉机改变刀片形状变成磨豆机。

6. 改一改。可在现有的发明基础上发现其缺点，需要改进的方面，设想如何更方便。

例子：手表—多功能手表。

7. 拼一拼。可在现有的发明基础上拼装相同的或不同的发明，有了新的应用。

例子：三色圆珠笔。

8. 学一学。模仿现有产品的形状、结构，学习其原理和技术。

例子：根据充电效应原理发明太阳能电池和电站；模仿动物的儿童玩具。

9. 代一代。从材料、方法和功能等方面寻找可替代者。

例子：塑料代替木材和金属做建筑材料；利用磁效应制冷技术代替氟利昂制冷技术发明无氟电冰箱等。

10. 搬一搬。把现有发明的思想、功能或物体本身搬到另外的发明产品上。

例子：把扩大镜的镜头搬到扩印机上；把 MP3 搬到眼睛上。

11. 反一反。把一事物的正反、上下、左右、前后、里外等进行颠倒。

例子：风扇—吸风机。

12. 定一定。为解决某一问题或改进某一事物，需要规定些什么。

例子：如定时、定温、定人、定纪律等。

写下你使用"十二聪明创造法"创造的发明：（三个以上）

1. _____
2. _____
3. _____

故事回放

生活或生产作业中难免不发生事故，碰到事故，想法排除，这是理所当然的事。至于从事故中悟出发明创造契机，你可曾想过？

这里先说说长井先生的故事。由于家道贫寒，中学毕业后的长井只好去乡公所当了个下级公务员。他工作努力，而且喜欢动脑动手。每逢星期天或节假日，长井总要拿出木匠工具，制作小玩具送给学校的小朋友，并沉浸在"假日木工的情趣里。一天中午,他发觉乡公所走廊的地板坏了。他马上到工具室去拿了一把大锯子,想修缮它。但他走到走廊的拐弯处时,忽然跑出来一个小女孩。因为来不及躲避,竟碰伤了那女孩的手臂。幸亏不是伤到脸部,并且对方的家长也认为不能全怪长井。"有了这次教训,孩子也许会学乖一点"。家长通情达理,将此事化为无事。然而,长井心里始终过意不去。

"当然,孩子本身也有责任,但不管怎样解释,拿着裸露锯齿的锯子在走廊上走,实在是太大意了。类似这种事故,今后还会发生吗?"想到这里,长井忽发创意,"难道不能制造一种不会伤害人的锯子吗?"

从那天起,长井时时刻刻都在想这个问题。

有一天,他一边削铅笔,一边下意识地把那问题反映在脑幕上。当他削好铅笔,"喳喳"把刀刃折叠起来的那刹那,脑海里竟闪烁出灵感的火花。

"对了,像这种对折合的刀子一样,不用时把锯刃折叠起来不就好了吗?"他想到了这种方案。

傍晚,他回到家后马上动手试制。他设计出一个折叠式的锯柄,装上锯刃,试锯了一下木头,发现使用效果和普通锯子差不了多少。

长井非常高兴地拿着锯子去见上次碰伤的孩子的父亲池田先生。池田先生是国民学校的劳作老师,他试用了一下折叠式锯子说;"嗯,很方便"。他略有所思,"这种锯子说不定会在学校里流行呢!长井先生,是不是去申请个专利?"

这样,长井获得了他的第一项专利。这种可折叠的锯子,首先受到县下各学校的重视。他和池田合伙雇用木工开始产销安全锯子。这种"用不着担心伤害他人的锯子"受到好评后,东北地区六个县下的学校,也纷纷向他们订货。结果,长井先生只好辞去公务员的职务,把家庭工业拓展为正式的工厂,增加工人,批量生产安全锯子,满足学校劳作课需要。长井的事业不断发展,他母亲为儿子的成功也感到由衷的高兴。

这种由事故导致发明创造的例子时有发生。例如,有位司机经常长途跑车,一次,由于身体疲劳,"瞌睡虫"忽然使双眼一闭,高速行驶的汽车一下就撞上了路边的大树上,树毁车翻,人受重伤。事故后,这位司机对如何防止行车中打瞌睡的问题情有独钟,结果发明出一种电子提神器,带在头上精神焕发,有效地驱走了"瞌睡虫"。

事故为什么会导致发明创造?

首先,人们并不希望发生不利事故,但是一旦发生,总得设法排除。比如洪水肆虐,冲垮防洪堤坝,危害人们生命财产安全。面对洪水之害,我们必须迅速设法解决,于是各种抗洪办法应运而生。在不断完善抗洪办法的过程中,少不了推出一些发明创造。例如,有人发明出"钢架截流法"、"水袋阻水法"以及"沉船阻流法"等等。

其次,为了预防有可能发生的事故,人们也常常立题研究,即有目的地提出发明创造课题,引导人们去发明创造。例如,为了预防家中厨房起火、高压锅爆炸、煤气中毒,等等,人们事先就潜心研究,发明出家用消防器、防爆高压锅、煤气泄漏报警器等新产品,以满足人们对安全性的需求。

运用事故启迪法(生活改造法创造法),一般有两种技巧:其一是借已发生的事故激发创意,寻找排除事故或预防再次发生事故的新办法;其二是假想事故激发创意,即假设某种事故发生,我们将如何对付!比如,我们假想高速行驶中的汽车突然刹车失灵,我们该怎么办?或者当我们发现车辆就要起火而车门打不开时,我们该采取何种办法?这种"事故想象"必然激发我们的创造性思维,除非你根本不去考虑这种万一发生的事故。

运用事故启迪法(生活改造法创造法),除了能创造性地提出问题外,还需要进行安全性设计,这是发明创造过程中的技术关键。没有这一环节,事故是绝不会引发出真正的发明创造故事的。

总结自己的发明设想

1. 与组员、同学、舍友或亲人交流自己设想的合理性(创造性、新颖性、实用性)。
2. 在网络上检索(国家知识产权局和其他网站)和与老师交流。
3. 选择自己满意的创新构想填写在下列表格中,然后交给指导老师,也许这项发明就属于你的了!

学生发明创造方案专利登记表（可另纸加写）

姓名(中文)		性别		年级		辅导老师	
姓名(拼音)				联系电话		手机	
学校名称			学校地址				邮编	
家庭住址	
项目名称	

附图（必须标明各组成部分的名称和作用）

简要说明：
本发明的创新部分是
本发明与同类事物比不同处和优点是

| 备注 | |

五、回归原点创造法

★ 要点：

任何创造发明都必定有其创造的原点。每个事物都有很多创造的起点，但创造的原点是唯一的。从某一事物的众多创造原点出发，按照人们的研究方向的逆方向，可以追溯到创造的原点，再以原点为中心，在各个方向上进行扩散，用新的思想、技术和方法在新找的思维方向上重新进行创造，往往会取得较大的成功，产生突出的成果。这一过程即是：先还原到原点，再从原点出发解决问题（回到根本抓关键）。

在发明创造活动中，研究已有事物的创造起点，并追根寻源找到他的创造原点，再从创造原点出发去寻找各种解决问题的途径，从本原上面去解决问题，用新的思想、新的技术和新的方法重新创造该事物，这就是回归原点创造方法的精髓所在。

（一）各种洗衣机

洗衣机的本质：洗——还原衣物的本来面貌
衣服脏的原因——灰尘、油污、汗渍等对衣服的吸附与渗透
传统的洗衣方式：手搓、脚踩、板揉、捶打
突破传统创造新的方法：机械分离法、物理分离法和化学分离发等

（二）各种自行车（专利约 15000 种）

自行车的本质：骑
方式："行"、"锻炼"、"休闲"、"方便"
突破传统创造新的方法：折叠自行车、双人自行车、山地自行车、

儿童自行车等。

回归原点创造方法旨在鼓励人们要善于回归，还原到研究对象的本质上。回归原点创造方法最重要的是要抓住关键词。即在设想创造一个产品时，先提出代表这一产品本质的关键词，如洗衣机的关键词是"洗"、"安全"，自行车的关键词是"车"、"行"、"锻炼"、"休闲"等，这样问题就迎刃而解了。

对于大学生来说，成功实施发明创造活动的基本素质之一就是有抓取研究对象的关键和要点的能力，以及丢弃影响思维的旁枝末节的胆识，不为某事物的表面现象所迷惑，也不为某技术的具体细节所左右。

课堂训练

使用回归原点创造方法分析物品的原点和创造新的发明：（每人三个以上）

1.
物品名称：_____
原点：_____
使用方式：_____
新的创造：_____

2.
物品名称：_____
原点：_____
使用方式：_____
新的创造：_____

3.
物品名称：_____
原点：_____
使用方式：_____
新的创造：_____

故事回放

超声波洗衣机

该洗衣机是通过超声波生发的微小气泡破裂时的作用来除垢的。超声波由插入电极的两个陶瓷振动元件产生。振动头的前端以极快的速度在微小的范围内上下振动。在振动头前端部分与衣物之间不断形成真空部分，并在此产生真空泡。在真空泡破裂之际，会产生冲击波，冲击波将衣物上污垢去除。日本夏普公司已经开发出的超声波洗衣机是面向大型洗衣店的。最近，为使超声波洗衣机进入家庭，他们对洗衣店的超声波洗衣机作了改进，实现了小型化。

活性氧去污垢洗衣机

该洗衣机利用电解水产生的活性氧来分解衣服上的污垢。日本三洋公司利用这个原理已经研制开发出这种新型的洗衣机。金属钛制成的电极作为阳极和阴极,并在其中保持一定的电压。由于洗衣机中的自来水含有氯等,于是水被电解并产生活性氧和次氯酸。活性氧和次氯酸均具有分解污垢和杀菌的作用。所以能够把衣服消毒和洗净。但是,也有专家指出,用这种方法洗衣服,其洁净度是有限的,尚有许多技术需要进一步改进。

电磁去污洗衣机

科研人员在洗衣机里安装了四个洗涤头,每个洗涤头上有一个夹子,在洗衣时将衣服夹住,每个洗涤头上还都装有电磁圈,当通电后,电磁圈就发出微振,频率可达 2500 次/秒。在快速的振动下,衣服上的污垢以及附着的油脂迅速与衣服分离,从而达到洗净的目的。

其他类型洗衣机

目前还有一些不用洗涤剂的洗衣机尚处在研究、试制阶段。如有一种洗衣机能在几秒内将洗衣机桶内的空气抽成真空状态,使水呈沸腾状,衣服在泡沫旋涡中反复搅动,2分钟就洗净。洗衣机内没有旋转部件,不会损伤衣服,且无振动、噪声,也不需要洗涤剂。

用臭氧发生器将臭氧泵入洗衣机内的水中,臭氧分子可以分解衣服上的尘埃和污垢中的有机物分子,并将其溶入水中,将衣服洗净。这种洗衣机的污水经过过滤后,可以多次循环使用,因此是一种既节能又不会造成污染的洗衣机。

1. 目前国内海尔不用洗衣粉滚筒洗衣机获"最佳功能创新奖"。

大家可以通过网络信息查询了解不用洗衣粉的洗衣机。(查询结果写在空白处)

2. 国际自行车设计金牌作品:风火轮(一外国人设计的产品)

 总结自己的发明设想

1. 与组员、同学、舍友或亲人交流自己设想的合理性（创造性、新颖性、实用性）。

2. 在网络上检索（国家知识产权局和其他网站）和与老师交流。

3. 选择自己满意的创新构想填写在下列表格中，然后交给指导老师，也许这项发明就属于你的了！

学生发明创造方案专利登记表（可另纸加写）

姓名(中文)		性别		年级		辅导老师	
姓名(拼音)			联系电话			手机	
学校名称			学校地址			邮编	
家庭住址							
项目名称							
附图(必须标明各组成部分的名称和作用)								
简要说明： 本发明的创新部分是 本发明与同类事物比不同处和优点是 								
备注								

六、大胆联想创造法

★ 要点：

联想是指思路由此及彼的连接，即由所感知和所思的事物、概念和现象的刺激而想到其他事物、概念和现象的心理过程。如由"鸟"想到"飞机"，由"停电"想到"蜡烛"，由"蜡烛"想到"无烟蜡烛"、"应急灯"等。

联想的过程：输入信息→搜索相关在大脑中的信息→再现结果

例子：1. 电报信号—马车在驿站卸货—信号中继站。

2. 自行车颠簸—后花园使用水管浇水—自行车轮胎。

3. 女友的漂亮裙子—可口可乐瓶。

有联系就有联想，同一关系可以有多种联想；联想是每个人都有的本能，联想是以引导作用为基础的。不同的人在知识面、知识水平、记忆能力和阅历经验等方面各不同，这导致联想的深度、广度、速度及联想能力不同，所以不是每个人都能通过联想获得创造成果的。

 联想的基本法则

1. 相似联想

由一事物或现象的刺激而想到相似的事物或现象，主要反映事物之间在空间、时间、功能和形态等方面的联系。

例子：方便面—方便饭—方便汤—方便调料—方便调粥—方便菜等。

戒烟糖—戒烟香烟—戒烟茶—戒烟盒—戒烟打火机—戒烟牙膏—戒烟膏药等。

2. 相关联想

由一事物或现象的刺激而想到相关的事物或现象。

例子：教师—电子黑板—无尘粉笔—电子教鞭—教授包—润喉糖—润喉饮料—近视老花两用眼镜。

婴儿—显示容量和温度的奶瓶—尿不湿—电动摇篮—撒尿报警器。

西瓜—西瓜榨汁机—无籽西瓜—方形西瓜等。

3. 因果联想

由一事物或现象的因果关系联想到另一事物或现象的因果关系。

例子：2000年—纪念币—纪念邮票—纪念品。

电热毯—电热鞋—电热煲—电热暖脚垫—电热干鞋器—电热保温饭盒等。

4. 对称联想

由一事物或现象的刺激而联想到与它在时间、空间或各种属性上对称的事物或现象。

例子：女士美容品—男士美容品。

吹风机—吸尘器。

5. 强制联想

随机单词或随机图片法，如选定一个单词后，将所有有关这个单词的联想和思路一一记录下来，单词与你的联想和思路之间并非一定要有某种实际的关系。

例子：研究对象是"蚕"—随机抽取单词（名词最合适）"豆腐渣"——培育出吃"豆腐渣"的"蚕"。

6. 离奇联想

由偶遇的一件荒诞之事突生一种创意的联想。（故事回放有一个高压水挖藕技术案例）

7. 质疑联想

破旧立新的创意，往往始于质疑联想。对过时的旧事物、旧理论产生怀疑，并由此构思新事物。新理论的联想，就是质疑联想。

很多重大科学理论的发现，靠的就是质疑联想。哥白尼创立"日心说"就是一个典型的范例。在古代，人们把托勒密的"地心说"奉为正统理论，但哥白尼产生了疑问，并且说：既然别人能让宇宙绕地球转，我为什么不可以让宇宙绕太阳转？经过反复地设想和论证，他终于创立了以太阳为中心的宇宙学。

光学上的微观粒子波粒二象性的揭示，也很能说明质疑联想的作用。牛顿认为，光是由直线运动的一道粒子组成的，即所谓的"微粒说"。该学说在事实上遇到了许多不能解释的现象，但由于牛顿在科学界的盛名，竟统治了光学理论100年之久。只有当青年物理学家托马斯·扬大胆提出质疑，才揭示了波粒二象性。

8. 审美联想

实验派美学的创造人费希纳很强调美感和联想的密切关系。他提出的关于美感的6个基本原理中，就有"美的联想原理"。按着他的解释，美感有两类要素：

美的印象直接要素和经验再生的联想要素。直接要素如设计对象的色彩、形态等，仅靠这些要素还不能构成完全的美感，还需要加上联想要素，如创意对象的内容、功能、意义等。这两类要素融合同化为一体，方能形成完全的美感。费希纳曾称美学有一半是建立在联想的原理上的。

美感和联想既有联系又有区别。人们在日常生活中都有许多深刻的体验。比如李白诗："床前明月光，疑是地上霜。举头望明月，低头思故乡。"读这首诗，每个人都会产生丰富的联想：宁静的夜晚，皎洁的月光，铺霜盖银的环境，遥远如梦的故乡，仿佛追随李白到了一个如诗如画的境界，美感不禁油然而生。这种审美联想不但是一番精神享受，也会净化人的心灵。

课堂训练

1. （起点）鸡
2. （起点）粉笔—（终点）原子弹
3. 相似联想：警察（ ） 太阳（ ） 猫（ ） 人（ ） 鸟（ ） 汽车（ ）
4. 接近联想：（使用故事情节）钢笔—桌子—人—窗—星星

总结自己的发明设想（每人三个）：

	名称	描述
1.		
2.		
3.		

故事回放

一伙人在池塘挖藕，突然有个人无意中放了个响屁，连忙向旁边的人说声"请原谅"，表示歉意。那人半开玩笑他说："这种响屁朝池塘底放上三两个，那泥里的藕都恐怕要吓得蹦出来了。"不料言者无意，听者有心。一个有心者便突然闪现了一个想法，用导管把压缩空气输送到池底再喷放出去会怎样呢？或许就能把藕挖出来。他迅即实验，只有气泡而挖不出藕。他想："需要更强大的冲力。"他再用水管对水加高压，就大获成功，不但挖出了藕，而且藕还被高压水冲洗得干干净净。不但减轻了劳动强度，而且提高了挖藕效率。一项挖藕新技术获得了普及。

"放屁挖藕"，纯属荒诞不经的无稽之谈，经过离奇的联想，却产生了一项挖藕技术的新创意。创意思维确是一件耐人寻味的事物！同一件事，因为各人对事物的看法不同，任何事物都可以与思维联想起来。那个发明挖藕新技术的人，几乎"肯定"，他早就对人工挖藕的改革有想法了。

发想的时候，经常提醒自己：能否将现有的东西缩小些，去掉些，减少些？这可以帮助你提高发想的功效。在技术发明中尤其重要。

日本东京有一位木匠 Y 先生，他经常一边用着木匠必备的工具墨线斗，一边想："带着这种又重又大的玩艺儿在房顶这样的地方干活，实在不方便，能不能让它再轻些小些呢？"

Y 先生每天凝视着墨线斗，琢磨："有什么法儿让它小些，轻些？"于是他搞清楚了墨线斗所必不可少的要素，以及没有或者减去些也无关大局的要素。在外形方面，他想到为什么一定要做成这种葫芦形？是否可以设计成更为整体的像粉盒形状的呢？

经过 Y 先生的种种试制，终于成功地发明了从名字到实际形状均为粉盒的墨线斗。在改进墨线斗上，有许多可动脑筋之处：首先是把其整体用塑料制成既圆又小的粉盒形状以减轻其分量。其次，旋转上盖，露出注墨口；再旋转半圈，注墨口关闭，以防墨水干枯。还有在墨线斗妨碍操作时，可用挂钩上的钩子将墨线斗吊在腰带上等等。据说 Y 先生将这种墨线斗申请了实用新型专利，与某厂家签订了协议，从而获得了几十万日元的设计费。

上海市某小学五年级一位女学生方黎，发明了"多用升降篮球架"，先后在上海《少年报》，"居里夫人奖"竞赛，"上海市中小学科学小发明作品竞赛"及"第一届全国青少年科学创造发明比赛"中获奖，并由上海、无锡等厂家投产，在上海、无锡、南京、苏州、徐州、广州、长沙等地畅销。方黎小同学是如何发明"多用升降篮球架"的呢？她是在具体课题情境中产生发明需要的。首先，冬季上体育课，操场不大，只有一个篮球架，全班几十名学生排队轮番投篮，一节课每人只能投十二次，大部分时间临风而立，既锻炼不了身体，也提高不了技术。其次，篮球架高大，不适于不同年龄的学生用。她想，要把篮筐加大一些很容易，但要把篮球架随意升降就难得多了。一天，方黎小同学从可调高度的落地电风扇得到启示，顿时想到把篮球架缩小一些，用落地电风扇升降的原理制作成功升降式篮球架，解决了问题。国家体委副主任徐寅生同志对这项发明赞叹不已。他说："这个小发明解决了大问题。多年来，就想有这么一个篮球架，没想到被一个小孩子搞出来了。"

再比如，火车发明者史蒂文森，当初发明的火车是以齿轮在赤轨上行驶，火车的速度较慢。尽管不断地改进火车头，但仍无法提高速度。这使他想到：原因在于齿轮和赤轨上，可是若去掉齿的啮合，又担心火车脱轨。尽管如此，他还是做了试验。其结果却出乎意料，去掉齿的光滑的车轮行驶在光滑的铁轨上不但不脱轨，反而还十分平稳，比原来的速度提高了五倍。

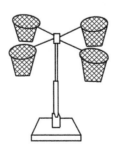

多用升降篮球架

火车轨道

  总结自己的发明设想

1. 与组员、同学、舍友或亲人交流自己的设想的合理性（创造性、新颖性、实用性）。
2. 在网络上检索（国家知识产权局和其他网站）和与老师交流。
3. 选择自己满意的创新构想填写在下列表格中，然后交给指导老师，也许这项发明就属于你的了！

学生发明创造方案专利登记表（可另纸加写）

姓名(中文)		性别		年级		辅导老师	
姓名(拼音)			联系电话			手机	
学校名称			学校地址				邮编
家庭住址							
项目名称							
附图（必须标明各组成部分的名称和作用）							
简要说明： 本发明的创新部分是 本发明与同类事物比不同处和优点是 							
备注							

七、技术辐射创造法

★ 要点：

发明创造是一种技术创新活动，各种新技术的推广应用必然带来发明创造成果的诞生。如果我们有意地抓住一种成熟的技术，并以它为思维中心，向多个应用领域辐射，开发新产品，不失为一种技术辐射创造法。

实例——红外技术辐射创造

现以红外技术为思维中心向外辐射组合，看看能获得哪些新产品创意。

红外技术是建立在红外线的发现基础之上的。什么是红外线呢？红外线又叫红外光，它和紫外线、可见光一样，都是电磁波。红外线的波长在0.77～1000微米之间。根据波长的不同，红外线又分为近红外线、中红外线和远红外线。自然界里任何固体和液体在其温度大于热力学温度零度（即－273℃）时，都会辐射红外线。

如果你对红外技术有所了解并打算向家庭日用产品领域辐射，就可借助联想画出辐射组合图。事实上，不少新产品概念已被开发生产为市场上的新商品，并为人们所瞩目。

例如远红外辐射取暖器，是家庭室内取暖防寒的理想用品，在16～20平方米房间使用，室温0℃情况下，通电60分钟，室内温度便可达到10℃。该产品可节电50％以上，且清洁无污染。再如红外线电吹风，不仅能和普通电吹风一样做发型，而且由于远红外线能渗入皮层，从内部加热，故能促进头发的新陈代谢，有生发效果。此外，这种新电吹风比普通电吹风节电25％左右。红外电子狗，是一种家用报警器。该报警器呈圆筒状，小巧玲珑。它内装红外传感器。把它安装在对家庭来说需要防范的地方,如果有人呆在这地方,红外线传感器便能捕捉到人的体温,并立即发出90分贝的刺耳报警声,持续3～4秒。这时主人可以出来看个究竟。这种报警器不论白天黑夜都可以监视目标,是一只忠实地为主人看守门户的"电子狗"。

运用技术辐射法时,要密切注视某些带有"焦点"性质的高新技术,因为以它为中心向应用领域辐射组合,更容易捕捉到全新概念,更有机会开创新的"朝阳产业"。

 实例——超声波技术辐射创造

当超声波技术问世不久,人们便看到了这种技术向外辐射的潜力和价值,纷纷开发出以超声波能量为内涵的高新技术产品。

尽管超声波技术已经被成功地结合到许多领域,但是,只要我们善于动脑筋,勇于探索,仍然会找到许多新的组合领域。例如,有人想到了超声波灭鼠,发明出超声波灭鼠装置。这种装置虽然不像传统的诱捕器械那样可以直接捕杀老鼠,但是它发出的超声波可使老鼠听觉混乱,神经痉挛,在周身极端痛苦的情况下只好逃命。如果对老鼠巢穴进行较长时间的超声波刺激,可以使老鼠肌肉萎缩,食欲不振,生殖器官衰退,以致丧失生育能力而断子绝孙。

当前,微电子技术和电子计算机技术的推广运用最令人瞩目,理应成为发明创造者创造的焦点。如果你精通电子计算机应用,则可以以它为焦点向多种方向辐射。如果向家用电器领域推广,将会有什么新发明呢?智能式全自动洗衣机、智能式遥控电风扇、智能式安全热水器等等,不是脱颖而出了吗?

抓住焦点闯四方,是建立在发散思维基础上的一种组合技巧。这种组合技巧的实施过程是先选好技术,形成辐射中心,然后列举与技术无关的事物或技术进行强制联想,以获得新的组合概念。当然,新概念要变成新技术或新产品,还得付出更艰辛的劳动。

课堂训练

写出三个以上的可以技术辐射的产品。

1. 名称

   辐射发明

2. 名称

   辐射发明

3. 名称

   辐射发明

 总结自己的发明设想

1. 与组员、同学、舍友或亲人交流自己的设想的合理性（创造性、新颖性、实用性)。

  2. 在网络上检索(国家知识产权局和其他网站)和与老师交流。

  3. 选择自己满意的创新构想填写在下列表格中,然后交给指导老师,也许这项发明就属于你的了!

学生发明创造方案专利登记表(可另纸加写)

姓名(中文)		性别		年级		辅导老师	
姓名(拼音)			联系电话			手机	
学校名称			学校地址			邮编	
家庭住址							
项目名称							
附图(必须标明各组成部分的名称和作用)							
简要说明: 本发明的创新部分是 本发明与同类事物比不同处和优点是 							
备注							

八、逼发创意创造法

故事回放

★ 要点：

中国有句成语："逼上梁山"，意指被迫去做某种事情。有些发明创造，也是"逼"出来的产物。

在美国，亨特和郝斯达真心相爱了。但是，他俩要结婚并非易事，因为郝斯达小姐的父亲表示反对。亨特站在郝斯达父亲面前，诉说他非常爱恋郝斯达，并保证让她得到幸福。"你能让我的女儿得到幸福？恐怕你穷得连50美元都拿不出来！"郝斯达相信两个年轻人真诚相爱，但怎能相信家境贫寒的亨特能给女儿以幸福。亨特和郝斯达苦苦哀求，老人仍铁石心肠。为了摆脱亨特的纠缠，郝斯达的父亲以攻为守地对亨特说：

"你若在10天内赚到1000美元，我就答应你和女儿结婚。"

"爸爸，你怎么能提出这种条件呢？"郝斯达知道这是父亲有意刁难亨特，不高兴地跑进房内去了。

亨利没想到郝斯达的父亲如此看重金钱，赌气之下脱口而出："好吧，等我赚来1000美元，你可不能反悔啊！"

郝斯达的父亲料想在10天之内，亨利靠正当手段赚1000美元是无论如何也实现不了的事情，便斩钉截铁地说绝不食言。

亨利为1000美元的事废寝忘食，绞尽脑汁，郝斯达也为亨特的草率承诺而担心。

第二天，亨利还是想不出一点办法。

第三天，亨利仍一筹莫展。

怎么办呢？到了第四天，一队迎亲的队伍从楼下通过，亨特望了望那些襟前别着缎花的人们，突然一个主意涌上心头。

"我可以搞发明去卖！"亨特转愁为喜。原来，在举办喜事时，一般人都要佩戴缎花。

于是，他剪下一截铁丝开始试验。开始，他做出别针的原型，再分析改进的办法。他想来想去，觉得将别针弯个圈，再用一片薄铁皮做一个尖套,固定在一端。使用时,先弹出针尖,别好缎花后再将针尖弹进保持套里,既安全又保险。仅用了半天,亨特就发明出"安全别针"。

亨特马上请人代理了专利申请,接着找到一家缎花店去卖他的专利权。老板看了亨特的发明后,认为设计合理,市场前景广泛,便表示愿用 500 美元先买下专利权,然后按生产额的 3% 作为佣金支付给亨特。

"不,我只要你一次性支付 1000 美元。"亨特表明自己的态度。

"这样你会后悔的。"老板还算是开明之士,把心中的话说了出来。

"不,我不后悔。"听说老板愿一次付出 1000 美元,亨特十分高兴地说。

亨特拿到老板给他的现款,三步并作两步,急忙跑去找郝斯达的父亲。

这已是期限的最后一天了。郝斯达的父亲正端坐在客厅中,看见喘着粗气的亨特,问都懒得问。

当亨特从袋里掏出 1000 美元,并述说了他赚钱的经过后,郝斯达的父亲脸色大变。但为了不食言,只好同意他的求婚。

由于亨特发明的安全别针非常实用,问世后深受广大社会人士欢迎,不多久就畅销全美国,缎花店老板赚得连嘴都合不拢了。

后来,当郝斯达对亨特抱怨说他太傻时,亨特却泰然地说:"我虽然没有成为富翁,但是我得到了最心爱的你。"

的确,比起爱情来,金钱又算得了什么?

这种逼发创意的例子,在企业的新产品开发中时有发生。"傻瓜照相机"的问世就是典例。

现在,"傻瓜照相机"十分流行,外出旅游观光,有"傻瓜"相伴,自然心旷神怡。人们也许清楚这是一种可以不动脑筋,只要会取景,按快门就能拍照的袖珍型全自动曝光照相机,但并不知道它是"逼上梁山"式的发明创造成果。

当年,日本"小西六"照相机公司的经理出于市场竞争的压力,不得不来到新产品开发部,对其技术人员下了一道非常强硬的命令,要求该部迅速开发设计一种新型照相机。设想中的新相机的突出特点,是将闪光灯和自动对焦装置装进 135 相机里,而体积不能增大。技术人员一听,认为这简直是头脑发热,异想天开。当他们力陈这种想法"根本办不到"、希望经理放弃此计划时,公司经理却态度异常坚决地说:"不行！今天的相机已经不吸引人了，没有什么市场了，你们可以什么事都不干，但一定要攻下这一难题，否则……"

企业兴衰存亡的压力迫使经理做出开发新型照相机的决策，被解雇的压力又逼得技术人员硬着头皮向"根本办不到"的方向思考。他们首先碰到的难关是如何把闪光灯装置放到相机内。按一般的想法，将两件独立的东西放到一起，增大体积或容积是不可避免的事。但可不可以既放到一起，又不增加体积呢？他们日思夜想，终于发现无论是相机还是频闪光电管，其相互之间都有空隙，设法将零件拆放到相机的空隙里，不就冲破了这道难关吗？

解决了闪光灯的问题后，紧接着便是攻克自动对焦的难关。一提起自动，他们的第一个反应是用小电动机来驱动镜头的伸缩，但发现电动机放到小型机里是无论如何不合适的。怎么办？一位机械专家想到了弹簧的功用，提出了用弹簧移动镜头实现自动对焦的方案，结果如愿以偿。

于是，在压力的驱使下，技术人员们终于开发出内装闪光灯，自动对焦和自动曝光的小型照相机。因这种照相机操作简单，即使没有摄影经验的人使用时也可以获得曝光适宜、影像清晰的照片，广大消费者戏称其为"傻瓜照相机"。在回忆起傻瓜照相机的发展史时，"小西六"公司总免不了提到这段"逼上梁山"的往事。

 "逼"能激发智慧，产生创意。

无论是为情所逼还是为势所逼，都告诉我们一个道理："逼"能激发智慧，产生创意。

为什么能逼发创意？原来人处危急或受逼时刻，受到外界强烈的刺激，会产生"应激反应"，神经会一下紧张起来，处于超常的激发态。这样，就促使人们强化创新动机，释放智慧潜能，喷涌灵感思维，最大限度地调用聪明才智。所以有人说，当人们急得如热锅上的蚂蚁团团转时，想出的主意往往会比平常多出几倍甚至几十倍，也容易产生一般条件下难以想到的创意。科学研究也证明，人在受逼的紧张时刻，脑肾上腺素、甲状腺素的代谢亢进,大脑活动确比平常显著活跃。

其次,是因为逼迫之际,所面对的问题近在眼前,迫在眉睫,时空距离大为缩短,人们的注意力更集中,对问题就可能看得更全面、深透、真切,也更容易充分利用现有的特殊条件或意外的信息,独具匠心地去解决问题,显出平时隐没的才智。

此外,对群体而言,受逼或危急状态能激励大家合力同心,减少内耗以求共渡难关,并能更好地集思广益,发挥集体智慧。

作为发明创造技法,逼发创意可以通过感悟压力和自己给自己出难题的方式实施。

感悟压力就是从各种信息中感受到某种压力对自己生存与发展的威胁后,思考能否通过发明创造来解脱危机或摆脱困境。

自己给自己出难题,就是在解决问题时有意提一些限制性的条件,逼迫自己限时解决看起来难以解决的问题。待"逼上梁山"后,发明创造的机会也就来了。

课堂训练 (在空白处填写)

1. 写下一份发明公告书,大声宣读给同学和老师听。(内容:在大学期间发明多少产品,成功转让多少产品,如何坚持发明创造,不怕困难,还有你对发明创造的感想,证明人签名等等)

2. 大声说你要报答什么人,感谢什么人。

3. 大声说你要立志成为什么样的人才。

 总结自己的发明设想

1. 与组员、同学、舍友或亲人交流自己的设想的合理性（创造性、新颖性、实用性）。
2. 在网络上检索（国家知识产权局和其他网站）和与老师交流。
3. 选择自己满意的创新构想填写在下列表格中，然后交给指导老师，也许这项发明就属于你的了！

学生发明创造方案专利登记表（可另纸加写）

姓名(中文)		性别		年级		辅导老师	
姓名(拼音)			联系电话			手机	
学校名称			学校地址				邮编
家庭住址							
项目名称							
附图(必须标明各组成部分的名称和作用)								
简要说明： 本发明的创新部分是 本发明与同类事物比不同处和优点是 								
备注								

九、小团队——军团风暴法

★ 要点：

每个人都有创造潜力，都有可能产生创造性的设想，而创造潜力的开发和提出，可以通过群体相互激励的方式来实现。一人独思，不如两人同想；两人同想，不如三人共议，这就是群体的力量。而通过不同群体的竞争，更能激发团队成员的创造欲望；同时为了团队的胜出，在实践中培养了团队合作的意识，提高了团队合作的能力。

1. 确定课题（适合单一的设想方向，如果设想复杂，需要分解成多个单一的设想）
2. 不确定课题（自由发挥）
3. 选择理想的主持人，4～5人一组，2～5组为宜，1～2名记录员，人员专业结构要合理。
4. 桌子或椅子围成圆的或者方的，放些音乐，主持人可以讲些要思考的话题。

（二）明确阶段

（发小卡片，主持介绍问题）
1. 以团队竞争为主，获胜的团队给予奖励。
2. 每个人都至少写三个设想（强调设想必须新颖性、创造性和实用性)(15分钟)(在心情轻松、即兴的想象中进行。需写序号1、2、3等)鼓励思维自由奔驰,通过联想提出创造性设想。

3. 写好交给同组下一个人修正、补充、综合等。同时要遵守"四原则":自由思考、禁止批判、追求数量、互补改善。(15分钟)

4. 同组讨论交流总结最好的设想(先求数量后求质量)。(15分钟)

5. 组长陈述本组的设想。(10分钟)

陈述格式:

发明小组: * * * * *　　成员名称:

　　发明产品:

　　设想来源:

　　设想功能:

　　适用范围:

　　图片有无:

6. 有专人记录和评估(5分钟)评估内容:简单?恰当?能采纳?可实现?

　(三)　加工整理

会后安排人员参与研究确定被选设想是否可以符合专利申请条件。

　总结自己的发明设想

1. 与组员、同学、舍友或亲人交流自己的设想的合理性(创造性、新颖性、实用性)。

2. 在网络上检索(国家知识产权局和其他网站)和与老师交流。

3. 选择自己满意的创新构想填写在下列表格中,然后交给指导老师,也许这项发明就属于你的了!

学生发明创造方案专利登记表（可另纸加写）

姓名(中文)		性别		年级		辅导老师	
姓名(拼音)			联系电话			手机	
学校名称			学校地址				邮编	
家庭住址							
项目名称							

附图（必须标明各组成部分的名称和作用）

简要说明：
本发明的创新部分是
本发明与同类事物比不同处和优点是

| 备注 | |

十、中型团队——旧物列举改进法

★ 要点：

列举法也叫排列法，是遵照一定的规则，把研究对象的特征、缺陷以及人们的种种希望列举出来，以寻求创造发明的一种技法。

旧物列举改进法：就是在现有的产品的基础上，使用列举法进行改进的方法。

成功案例：零度冰箱；圆珠笔。

 准备工作

场地：教室。

时间：60分钟。

人数：10～20人为宜，选择理想的主持人。

道具：可以挑选1～2个作为改进列举对象。该物品最好是有较好的社会应用价值，是人们的必需品。

每人提供一张纸，要求自带铅笔和圆珠笔。题目可以提前几天发布。

方式：1.记录；2.陈述；3.记录和陈述相结合。

第一阶段：（10分钟）

写出或讲出（有思考到要点的人可以陈述）对象的功能和特征，即其作用有哪些。记录员负责统计。

第二阶段：（20分钟）

写出或讲出（有思考到要点的人可以陈述）对象的不足，如：不顺手、不方便、不省劲、不节能、不美观、不耐用、不轻松、不省料、不安全、不省时、不便宜等。记录员负责统计。

第三阶段：（20分钟）

写出或讲出（有思考到要点的人可以陈述）对象被希望具有的特征或功能，以寻找新的发明目标。

第四阶段：（10分钟）

归纳和评估内容：简单？恰当？能采纳？可实现？

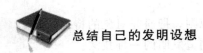
总结自己的发明设想

1. 与组员、同学、舍友或亲人交流自己的设想的合理性（创造性、新颖性、实用性）。

2. 在网络上检索（国家知识产权局和其他网站）和与老师交流。

3. 选择自己满意的创新构想填写在下列表格中，然后交给指导老师，也许这项发明就属于你的了！

学生发明创造方案专利登记表（可另纸加写）

姓名（中文）		性别		年级		辅导老师		
姓名（拼音）				联系电话		手机		
学校名称			学校地址				邮编	
家庭住址								
项目名称								
附图(必须标明各组成部分的名称和作用)								
简要说明： 本发明的创新部分是 本发明与同类事物比不同处和优点是								
备注								

十一、大型团队——集体调查评价创造法

★ 要点：
通过集体调查发掘每个人的创造潜力和选拔创造思维活跃的人才。

 准备工作

场地：教室。
时间：70 分钟
人数：20～50 人为宜。
道具：（提前 6 天提出任务）每人提供一填写卡，要求自带铅笔和圆珠笔。

发明创造卡
一、先与朋友、亲戚和同学讨论，然后写下你或他们最好的设想
1.　　　　　　　　　　　　　好　　一般　　不好
2.　　　　　　　　　　　　　好　　一般　　不好
3.　　　　　　　　　　　　　好　　一般　　不好
4.　　　　　　　　　　　　　好　　一般　　不好
5.　　　　　　　　　　　　　好　　一般　　不好
6.　　　　　　　　　　　　　好　　一般　　不好
7.　　　　　　　　　　　　　好　　一般　　不好
8.　　　　　　　　　　　　　好　　一般　　不好
9.　　　　　　　　　　　　　好　　一般　　不好
10.　　　　　　　　　　　　　好　　一般　　不好
二、组员相互在给对方的卡片评价（写"正"之笔画，评一个写一笔画）
三、最后该卡主人对自己的评价进行总结：
_____
_____
_____
_____

方式：集体创意。

具体步骤：

（1）主持人宣布"调查评价"要求，开始评价，时间为 40 分钟。评价标准：设想的创造性，新颖性和实用性。评价过程可以和周边的同学讨论。

（2）宣布卡片上的优秀设想内容。（30 分钟）

（3）总结此次会议。（5 分钟）

总结自己的发明设想

1. 与组员、同学、舍友或亲人交流自己的设想的合理性（创造性、新颖性、实用性）。

2. 在网络上检索（国家知识产权局和其他网站）和与老师交流。

3. 选择自己满意的创新构想填写在下列表格中，然后交给指导老师，也许这项发明就属于你的了！

学生发明创造方案专利登记表（可另纸加写）

姓名（中文）		性别		年级		辅导老师	
姓名（拼音）			联系电话			手机	
学校名称			学校地址			邮编	
家庭住址							
项目名称							
附图（必须标明各组成部分的名称和作用）							
简要说明： 本发明的创新部分是 本发明与同类事物比不同处和优点是							
备注							

知识产权篇

一、什么是知识产权

知识产权,概括说,是指公民、法人或其他组织对其在科学技术和文学艺术等领域内,主要基于脑力劳动创造完成的智力成果所依法享有的专有权利。

广义概念上的知识产权包括下列客体的权利:文学艺术和科学作品,表演艺术家的表演以及唱片和广播节目,人类一切领域的发明,科学发现,工业品外观设计,商标,服务标记以及商品名称和标志,制止不正当竞争,以及在工业、科学、文学和艺术领域内由于智力活动而产生成果的一切权利。

狭义概念上的知识产权只包括著作权、专利权、商标权、名称标记权、制止不正当竞争,而不包括科学发现权、发明权和其他科技成果权。

(一)传统狭义上的知识产权分类

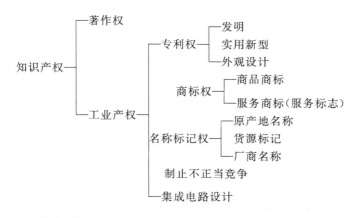

(二)知识产权的特征

知识产权的特征概括起来有以下几个。

(1) 无形财产权。

(2) 确认或授予必须经国家专门立法直接规定。

(3) 双重性：既有某种人身权（如签名权）的性质，又包含财产权的内容。但商标权是一个例外，它只保护财产权，不保护人身权。

(4) 专有性：知识产权为权利主体所专有。权利人以外的任何人，未经权利人同意或者法律特别规定，都不能享有或者使用这种权利。

(5) 地域性：某一国法律所确认和保护的知识产权，只在该国领域内发生法律效力。

(6) 时间性：法律对知识产权的保护规定一定的保护期限，知识产权只在法定期限内有效。

（三）为什么要保护知识产权

知识产权具有巨大的价值。知识产权的价值体现在它能带来巨大的收益。

世界上有许多著名商标都具有巨大的价值。2000年世界知名品牌价值第一的"可口可乐"，价值高达726亿美元。微软公司名列第二，品牌价值702亿美元。国内价值最高是"红塔山"，品牌价值为439亿元人民币。

大发明家爱迪生，一生进行了千余项发明和实验，获得1093种美国专利。他的"增加话筒音量"的发明就获得了10万美元的专利使用费。

（四）知识产权制度的作用

(1) 有利于实现我国经济与国际经济接轨。

(2) 有利于鼓励发明创造，促进技术创新。

(3) 有利于引进国外先进技术。

(4) 有利于吸引境外投资。

(5) 有利于开拓国际市场。

（五）知识产权制度的国际化发展

知识产权制度的国际化发展是指世界各国知识产权制度在实质内容和申请审批程序上逐步简化一致和统一，日趋国际化。知识产权的地域性、无形性和易传播性，一方面使得本国产生的智力成果在国外不能取得当然的保护；另一方面，由于传播媒体、通讯工具的迅速发展和国际交流的日益频繁，大量的智力成果十分容易越过国界而进入他国。如果不对这些智力成果进行有效的国际保护，势必会影响、阻碍国际贸易及科学技术和国际文化交流与合作。知识产权制度的国际化发展，反映了科技和经济国际化发展的客观要求。正因为如此，1883年世界各国就在巴黎缔结了《保护工业产权巴黎公约》，并于1884年正式生效。我国于1985年3月19日正式加入了《巴黎公约》。此外我国目前已加入的保护知识产权的国际公约包括：《商标国际注册马德里协定》、《保护文学艺术作品伯尔尼公约》、《世界版权公约》、《专利合作条约》等。

（六）WTO与知识产权

1986年开始的关贸总协定乌拉圭回合谈判，将知识产权首次纳入议题，形成了协议，这就是《与贸易有关的产权协议》（简称Trips）。世界贸易组织（WTO）建立后，Trips协议成为世贸组织内最重要的协议之一，知识产权与经济、贸易的结合得到前所未有的加强，这标志着知识产权制度国际化发展进入了一个崭新的阶段。

（七）如何取得知识产权国际保护

1. 取得著作权国际保护的途径

著作权一般是自动产生的，作品完成后，不必向外国办理任何手续，就可以根据有关原则获得有关国家的著作权保护。

2. 取得工业产权国际保护的途径

工业产权不能自动产生，权利人必须向有关国家或者国际组织办理申请注册登记手续，取得有关国家工业产权主管机关颁发的证书（如专利证书、商标注册证书），才能依该国法规定获得保护。

二、怎样申请专利

专利主要是指专利权。专利权是一种独占权，指国家专利审批机关对提出专利申请的发明创造，经依法审查合格后，向专利申请人授予的、在规定时间内对该项发明创造享有的专利权。

（一）为什么要取得专利

专利可以保护技术创新和革新。任何人发明创造了具有创新性及实用性的工艺方法、机器、产品或物料成分，或者对它们的改进，都可以申请专利。世界上大多数国家均拥有自己的专利制度。在一个国家获得了专利，专利拥有人在这个国家就拥有了阻止别人实施其发明的权利。在大多数国家，最长的专利保护期限是二十年。为了维持专利的有效性，必需缴纳年费，通常是每年一次。美国之外的许多国家拒绝为那些在申请专利前就公开其发明的发明人提供专利保护，因此发明人应该避免在申请专利之前公布或销售其发明。

（二）专利的种类、保护期限及审查方式

我国专利法规定的专利有三种：发明专利、实用新型专利和外观设

计专利。

发明,是指对产品、方法或者其改进所提出的新的技术方案。发明专利申请实行早期公开、延迟审查制度,保护期限为二十年,自申请之日起算。

实用新型,是指对产品的形状、构造或者其结合所提出的适于实用的新的技术方案。实用新型专利申请实行审查制度,保护期限为十年,自申请之日起算。"形"者状也,亦即是宏观看得到的东西才可申请实用新型。

外观设计,是指对产品的形状、图案或者其结合以及色彩与形状、图案的结合所做出的富有美感并适于工业应用的新设计。外观设计专利实行初步审查制度,保护期限为十年,自申请日起算。

申请人应结合发明创造的技术水平、商业价值、市场寿命、费用等情况考虑申请何种专利更为适宜。

(三)授予专利权的条件

(1) 不违反国家规定法律、社会公德,不妨碍公共利益。
(2) 专利法规定的不授予专利权的内容和技术领域。
① 科学发现;
② 智力活动;
③ 疾病的诊断和治疗方法;
④ 动物和植物品种;
⑤ 用原子核变换方法获得物质。

对以上第④项所列产品生产方法,可以依照专利法授予专利权。
(3) 授予专利权的发明和实用新型应当具备新颖性、创造性和实用性。

新颖性是指在申请日以前没有同样的发明创造在国内外出版物上公开发表过、在国内公开使用过或者以其他方式为公众所知,也没有同样的发明或者实用新型由他人向国家知识产权局专利局提出过申请并记载在申请日以后公布的专利申请文件中。

创造性是指同申请日以前已有的技术相比,该发明有实质性特点和显著的进步,该实用新型有实质性特点和进步。

实用性是指该发明或者实用新型能够制造或者使用,并且能够产生积极效果。

(4) 授予专利权的外观设计，应当同申请日以前在国内外出版物上公开发表或者国内公开使用过的外观设计不相同或者不相近似，并不得与他人在先取得的合法权利相冲突。

(四) 申请专利前的准备

(1) 注意保密。

(2) 进行可行性分析：检索国内外专利，查阅相关专业刊物，了解掌握同类技术或产品的现状，进行能否获得专利的可行性分析，避免人力、物力、财力的浪费。

(五) 申请专利的两种途径

1. 自行申请

专利申请人自己直接向国家知识产权局专利局邮寄申请，或到其代办处办理专利申请。

2. 委托代理申请

专利申请人委托国家审批成立的合法机构以委托人的人名义按照专利法规定向国家知识产权局专利局或其代办处办理专利申请。

委托代理申请专利的手续是：

(1) 与专利事务所签订的专利代理委托合同；

(2) 提供申请专利所需技术材料（法律规定：专利代理人负有保密责任）；

(3) 交纳代理费和申请费。

(六) 申请专利需提交哪些文件

1. 申请发明或实用新型专利

请求书、说明书（实用新型专利必须有附图）及其摘要和权利要求书。

2. 申请外观设计专利

请求书以及该外观设计的图片或照片等。

3. 注意事项

请求书可以到国家知识产权局的网站（www.sipo.gov.cn）下载

所有申请文件必须按国家规定的格式撰写或准备。

(七) 申请日的确定

国家知识产权局专利局或其专利代办处收到专利申请文件之日为申请日。如果申请文件是邮寄的，以寄出的邮戳日为申请日。

专利申请受理机关对符合条件的申请给出申请号、确定申请日、发受理通知书。

授权发明专利申请经实质审查、实用新型和外观设计专利申请经初步审查没有发现驳回理由的，专利局即作出授予专利权的决定，发给专利证书，并予以登记和公告。

(八) 向国外申请专利的一般程序

（1）必须先申请中国专利。

（2）到国家知识产权局专利局办理优先权证明和手续。

（3）委托涉外专利代理机构代理。

（4）涉及国家安全或者重大利益需要保密的发明创造向国外申请专利的，按国家有关规定办理。

三、怎样利用专利信息

(一) 何谓专利信息

专利文献中包含大量专利的法律、技术、经济、工业等方面的情报，称为专利信息。

法律情报是有关构成专利技术的法律内容的情报，包括：一项专利申请是否获得专利权，一件专利的权利范围、地域效力、时间效力、权利人等。

技术情报是有关申请专利的发明创造技术内容的情报，包括：某一技术领域内的新发明创造；某一特定技术的发展历史；某一技术关键的解决方案（如产品、设备、方法）；一项申请专利的发明创造所属技术领域、技术主题、内容提要。

经济情报也称商业情报，是与专利技术的经济市场及技术本身的价值有关的情报，包括：一项专利技术的经济市场范围；一项发明创造的技术价值等。

工业情报是与工业企业拥有专利技术情况有关的情报，包括：某工业企业的专利技术拥有量、研究动向等。

(二) 专利文献包括什么

作为公开出版物的专利文献主要有：专利申请说明书、专利说明书、实用新型说明书、工业品外观设计说明书、专利公报、专利索引等。

专利文献的载体包括纸载体、缩微品载体、磁介质载体、光盘载体与互联网载体。

(三) 专利文献的作用

专利文献是科学技术的宝库。它是融技术、法律和经济信息于一体，是各单位各部门领导了解掌握国内外技术发展现状，进行技术预测和作出科学决策的依据;是科研和工程技术人员进行课题研究,解决技术难题不可缺少的工具;是发明人寻找技术资料,不断作出新的发明创造的源泉。在技术贸易中,专利文献可用于了解专利技术的法律状态;在技术和市场竞争中,专利文献可用于判定侵权行为;在申报国家发明成果奖和申请专利时,专利文献可用于确定其新颖性、创造性。企业可利用专利文献了解和监视同领域竞争寻手的情况,开发适销对路的新产品。专利文献可以为国家经济建设服务,为各单位增加竞争和发展活力服务。

(四) 专利信息检索能为你提供以下好处

1. 了解有关产品或技术的最新发展情况。
2. 引发创新意念。
3. 确定申请人研究发展部门的最新产品或技术是否可获得专利。
4. 能不断地了解你感兴趣的公司或竞争者的研究发展动向。
5. 避免无意中侵犯已受保护的产品。

(五) 怎样找到你需要的专利信息

你可以通过以下途径找到所需的专利信息:

1. 与相关专利信息服务机构联系;
2. 通过专利代理机构查找;
3. 通过国际互联网查询。目前所有中国专利的全文都可以在国家知识产权局网站(www.sipo.gov.cn)上查找,而大多数外国专利都可以在欧洲专利局相关网站(ep.espacenet.com)上查到。

(六) 专利检索怎样可以满足你的要求

你可以通过以下方案满足你对专利信息的需求:

主题检索——这包括对某一种产品创意、技术领域或生产程序的检索。

公司专利权人检索——通过检索,可确定拥有专利权公司的名称和资料。此外,如果希望了解某公司在世界范围内拥有的公开专利项目,只需要检索公司全名,便可获得有关资料。

相关专利检索——在国际市场上具有潜力的新产品或新技术,通常会申请在全世界范围内有效的专利登记。相关专利检索可以让你确定在其他国家当中是否有类似的专利登记。

专利法律状态检索——可向各专利局查明每一项发明的法律状态，包括专利权利有效、终止、视为撤回等。

此外，还可以进行发明人检索、新颖性检索、现有技术检索及申请号码检索。

为了使专利信息的利用更方便、效率更高，还可以邀请专门的专利信息服务机构量身定做专业的专利信息数据库。

四、怎样获得专利的保护

(一) 专利权人拥有哪些权利

发明人、设计人依法取得专利后,其发明创造的专有权就受到法律的保护,除法律另有规定外,任何单位或个人未经专利人的许可都不得实施其专利,即不得以生产经营为目的制造、使用、许诺销售、销售、进口其专利产品,或者使用其专利方法以及使用、许诺销售、销售、进口依照该专利方法直接获得的产品。外观设计专利被授予后,任何单位或个人未经专利权人许可,都不得实施其专利。

(二) 专利权人如何获得专利的保护

专利权人在自己的专利受到侵犯时,为了依法维护自己的合法权益,可以向人民法院起诉,也可以请求管理专利工作的部门(知识产权局)处理。

1. 行政处理

专利侵权纠纷由当事人协商解决;不愿协商或者协商不成的,专利权人或者利害关系人可以向人民法院起诉,也可以请求管理专利工作的部门处理。管理专利工作的部门处理时,认定侵权行为成立的,可以责令侵权人立即停止侵权行为,当事人不服的,可以自收到处理通知之日起十五日内依照《中华人民共和国行政诉讼法》向人民法院起诉;侵权人期满不起诉也不停止侵权行为的，管理专利工作的部门可以申请人民法院强制执行。

进行处理的管理专利工作的部门应当事人的请求，可以就侵犯专利权的赔偿数额进行调解；调解不成的，当事人可以依照《中华人民共和国民事诉讼法》向人民法院起诉。侵犯专利权的诉讼时效为二年，自专利权人或利害关系人得知或者应当得知侵权行为之日起计算。

目前，广东省内可以处理专利纠纷的专利管理机关有：省知识产权局、广州、深圳以及其他地级以上市知识产权局、顺德市科技局等。

2. 司法途径

对以下三类件，可以通过诉讼程序，由人民法院运用手段解决：专利民事纠纷案件、专利行政案件、专利刑事案件。

广东省内目前对专利民事纠纷案件有一审管辖权的人民法院有：广州市中级人民法院、深圳市中级人民法院、珠海市中级人民法院、汕头市中级人民法院、佛山市中级人民法院，有二审管辖权的人民法院有广东省高级人民法院。专利行政案件由作出处理决定的专利管理机关所在的对专利案件有管辖权的中级人民法院管辖。

（三）假冒、冒充专利行为有哪些

1. 下列行为属于假冒专利的行为

（1）未经许可，在其制造或销售的产品、产品的包装上标注他人的专利号；

（2）未经许可，在广告或者其他宣传材料中使用他人的专利号，使人将所涉及的技术误认为是他人的专利技术；

（3）未经许可，在合同中使用他人的专利号，使人将合同涉及的技术误认为是他人的专利技术；

（4）伪造或者变造他人的专利证书、专利文件或者申请文件。

2. 下列行为属于以非专利产品冒充专利产品、以非专利方法冒充专利方法的行为

（1）制造或者销售标有专利标记的非专利产品；

（2）专利权被宣告无效后，继续在制造或者销售的产品上标注广告标记；

（3）在广告或者其他宣传材料中将非专利技术称为专利技术；

（4）在合同中将非专利技术称为专利技术；

（5）伪造或者变造专利证书、专利文件或者专利申请文件。

（四）假冒、冒充专利行为的查处

（1）假冒他人专利的，除依法承担民事责任外，由管理专利工作的部门（知识产权局）责令改正并予公告，没收违法所得，可以处以违法所得三倍以下的罚款。没有违法所得的，可以处五万元以下的罚款；构成犯罪的，依法追究刑事责任。

（2）以非专利产品冒充专利产品、以非专利方法冒充专利方法的，由管理专利工作的部门（知识产权局）责令改正并予以公告，可以处以五万元以下的罚款。

五、怎样组织专利实施

(一) 专利实施的方式有哪些

一般来说，申请专利的目的是为了获得专利权，而获得专利权的最终目的是为了占领市场。申请和维持一个专利是需要一定费用的，因此，申请人自申请专利后，特别是获得专利权后，就应当积极地争取尽早实施专利。目前来说，专利实施的主要方式以下几种：

1. 专利权人自行实施其专利

自行实施是指专利权人自己制造、使用、销售其专利产品或使用其专利方法。

2. 许可他人实施

专利权人除自己外，还可以通过签订专利许可合同，允许他人有条件地、有偿地实施其专利。通过签订专利许可合同而进行的交易，称为专利许可合同交易或专利许可证贸易。

(二) 按许可权限大小不同，许可方式一般可分为下列五种

1. 独占许可

指许可方允许被许可方在一定期限、一定地域内享有单独实施专利的权利，许可方不能再自行实施或者允许第三方实施其专利。

2. 独家许可

又称排他许可，是指许可方就某项专利技术允许被许可方在一定时间和一定地域内，独家实施其专利，而许可方仍保留自行实施的权利，但不能再允许任何第三方在该期限、该地域内实施或再许可第三方实施该专利。

3. 普通许可

指许可方允许被许可方在规定时间和地区使用某项专利技术，而许可方仍然可以自行实施或再许可第三方等多方面实施。

4. 交叉许可

指双方以价值相当的专利技术互惠许可实施，即当事人双方均允许对方使用各自的专利技术。

5. 分许可

指许可方同意在许可合同上明文规定被许可方在规定的时间和地区实施其专利的同时，被许可方还可以以自己的名义，再允许第三方使用该专利。被许可应从第三方支付的使用费中，给一定数额的使用费给许可方。

（三）转让专利

专利申请权或专利权的所有人（转让方）可以通过与接受方（受让方）签订专利申请权或专利权转让合同，将专利申请权或专利权转让给受让方。双方应该签订书面合同，并向国家知识产权局专利局登记，由国家知识产权局专利局予以公告。专利申请权或者专利权的转让自登记之日起生效。

一般来说，专利权人在考虑实施其专利时，应该根据当时的实际情况，包括专利技术的成熟程度、市场预期、自身的条件等，综合考虑采用哪种方式。在签订合同时，应采用国家规范的文本，或咨询专业人士，以避免因合同规定不完善日后出现纠纷。各地知识产权局均可提供国家知识产权局统一制定的规范文本，并指导当事人进行合同的签订。

（四）怎样提高专利技术实施率

目前来说，由企业申请的专利实施率较高，而由科研机构、个人申请的专利实施率还比较低。这其中有我国目前的技术市场还不完善、技术转化的渠道还不够充分的原因，不过也有一个重要原因是由于专利技术本身还不完善，或者离实际应用还有较大的距离。怎样提高专利实施率呢？可以从以下几方面入手采取措施。

1. 加大宣传力度，加快推向市场

即使是好的专利技术，要想找到合作方，也首先要让对方了解。因此，专利权人要积极主动地进行技术的宣传和推介。可以通过参加展览会、技术交易会、专利技术及产品洽谈会、编辑专利技术成果汇编等方式，也可以采取信函等方式直接与有可能接受的企业联系，还可以在新

闻媒体进行报道，总之要尽可能地向技术市场的潜在买家发出信息，扩大接触面，再与可能性较大的买家进一步洽谈。

2. 尽力完善技术，做好实施准备

一些专利技术虽然发展前景好，但只是实验室成果，没有进行试用或工业化试验，因此要实际生产有较大的难度，也比较难取得买家的认同。因此，专利权人如具备可能的条件，应尽可能完善专利技术，为实施做好准备，如果制造了样品，那说服力就大很多了。

3. 利用国家政策，争取多方支持

近年来，国家和地方政府为了扶植新技术、新产品转化为生产力，采取了许多相应的措施。专利权人可以争取将项目的实施列入国家和地方政府的各项各类计划，多渠道地争取实施的资金，以推动专利实施工作。例如，国家火炬计划，攀登计划，列入重点新产品项目、孵化项目、促进专利技术产业化示范工程等。专利权人应加强与管理机关的沟通联系，积极争取支持，创造条件使自己的专利列入计划，使其得以更好实施。

总之，专利权人不能有"等、靠、要"的思想，而应该自己积极主动地进行专利技术的市场推介。对于真正有市场价值的专利技术，相信通过努力，是可以得到应用，实现其价值的。

六、我国知识产权情况

从质量上看,这么多年来,本国人、本国企业发明专利申请的最集中的领域有:第一是中药,国内申请占98%;第二是软饮料,占96%;第三是食品,占90%;第四是汉字输入法,占79%。这是我们占优势比较集中的领域。而来自国外的专利申请所集中的领域主要是高科技领域:第一是无线电传输,占93%;第二是移动通讯,占91%;其后为电视系统,占90%;半导体占85%;西药占69%;计算机应用占60%。可以看出,国外申请的重点是放在了高技术领域,放在高端。此外,从专利的构成上看,国人申请100件专利,其中发明只有18件,82件是实用新型和外观设计。外观设计就是产品的造型,实用新型就是关于产品结构上的一些改进、一些创新。而来自国外的申请,100件有86件是技术含量比较高的发明专利。这也是一个很鲜明的对比。(摘自:国家知识产权局局长田力普《谈发挥专利制度重要作用》)

(一) 数字显示2005年我国专利申请创全球知识产权申请量历史之最 (47.6万件)

2006年1月12日上午9点,国家知识产权局局长田力普在2006中外知识产权合作国际论坛上宣布:"2005年我国3种专利申请量达到476000件,较2004年同期增加34.6%;商标申请量达到650000件。"两者数据加在一起创全球知识产权申请量历史之最。田力普说:"这是自从世界上有了知识产权以来,知识产权申请量首次超过100万。"国家保护知识产权工作组办公室副处长魏华祥博士对此表示,该数字表明中国企业的知识产权意识已经得到提高,已经开始懂得在尊重他人知识产权的同时运用知识产权保护自己。企业意识到在本行业竞争和领域中,参与市场竞争不仅要提高产品技术和质量还必须有自己的知识产权。魏华祥说,从数据结构上看,我国知识产权的发明专利少,知名品牌少。但这是发展的必然阶段,随着我国经济的发展,发明专利和知名品牌的数量将会不断增加。(来源:《工人日报》)

(二) 数字显示 2006 年我国专利申请达 57.3 万件

来自国家知识产权局的统计数字显示，2006 年，国家知识产权局受理发明、实用新型和外观设计三种专利申请 57.3 万件，同比去年增长 20.3%。2006 年，三种专利审查结案 37.9 万件，其中发明、实用新型和外观设计分别结案 8.1 万件、14.7 万件和 15.1 万件，分别增长了 10.7%、45.7% 和 44.3%。

国内外发明专利授权结构发生明显变化，国内授权 2.5 万件，同比增长 21.1%，占发明专利授权总量的 43.4%；国外授权 3.3 万件，同比增长 0.3%。实用新型和外观设计专利授权仍以国内为主。发明专利申请平均审查结案周期为 22 个月、实用新型 9 个月、外观设计 6 个月。复审和无效案件的审理周期分别为 18 个月和 13 个月。(来源：《经济日报》)

(三) 数字显示 2007 年我国专利申请达 57.3 万件

统计显示，2007 年国家知识产权局共受理专利申请 694153 件，比上年增长 21.1%。其中，发明专利申请为 245161 件，比上年增长 16.5%，实用新型申请为 181324 件，比上年增长 12.4%；外观设计申请为 267668 件，比上年增长 33.0%。(来源：新华社)

专利书撰写篇

一、如何撰写专利书

申请专利和搞发明创造的动力和源泉是什么？

不同的时代对这个问题的回答是不同的。一般认为：除了一些附加的原因外，最主要的是好奇心和功利。古希腊哲学家亚里士多德说：科学发展有3个基本的前提条件，第一是惊讶，第二是自由，第三是休闲。美国第16任总统、发明人林肯说"专利制度是为智慧之火添加利益之油"。

当代大学生要参与申请专利和搞发明创造，那必须掌握如何撰写专利书。

（1）申请发明或实用新型专利需要递交：请求书、说明书（实用新型专利必须有附图）及其摘要和权利要求书。

（2）申请外观设计专利需要递交：请求书以及该外观设计的图片或照片等。

请求书可以到国家知识产权局的网站（www.sipo.gov.cn）下载。所有申请文件必须按国家规定的格式撰写或准备。

（一）权利要求书

1. 权利要求的类型

按照性质划分，权利要求有两种基本类型，即物的权利要求和活动的权利要求，或者简单地称为产品权利要求和方法权利要求。第一种基本类型的权利要求包括人类技术生产的物（产品、设备）；第二种基本类型的权利要求包括有时间过程要素的活动（方法、用途）。属于物的权利要求有物品、物质、材料、工具、装置、设备等权利要求；属于活动的权利要求有制造方法、使用方法、通讯方法、处理方法以及将产品用于特定用途的方法等权利要求。

2. 独立权利要求和从属权利要求

独立权利要求应当从整体上反映发明或者实用新型的技术方案，记载解决技术问题的必要技术特征。

必要技术特征是指，发明或者实用新型为解决其技术问题所不可缺少的技术特征，其总和足以构成发明或者实用新型的技术方案，使之区别于背景技术中所述的其他技术方案。

在一件专利申请的权利要求书中，独立权利要求所限定的一项发明或者实用新型的保护范围最宽。

3. 独立权利要求的撰写规定

（1）前序部分：写明要求保护的发明或者实用新型技术方案的主题名称和发明或者实用新型主题与最接近的现有技术共有的必要技术特征。

（2）特征部分：使用"其特征是……"或者类似的用语，写明发明或者实用新型区别于最接近的现有技术的技术特征，这些特征和前序部分写明的特征合在一起，限定发明或者实用新型要求保护的范围。

专利法实施细则第二十二条第三款规定一项发明或者实用新型应当只有一项独立权利要求，并且写在同一发明或者实用新型的从属权利要求之前。

独立权利要求的前序部分中，除写明要求保护的发明或者实用新型技术方案的主题名称外，仅需写明那些与发明或实用新型技术方案密切相关的、共有的必要技术特征。例如，一项涉及照相机的发明，该发明的实质在于照相机布帘式快门的改进，其权利要求的前序部分只要写出"一种照相机，包括布帘式快门……"就可以了，不需要将其他共有特征，例如透镜和取景窗等照相机零部件都写在前序部分中。独立权利要求的特征部分，应当记载发明或者实用新型的必要技术特征中与最接近的现有技术不同的区别技术特征，这些区别技术特征与前序部分中的技术特征一起，构成发明或者实用新型的全部必要技术特征，限定独立权利要求的保护范围。

根据专利法实施细则第二十二条第二款的规定，发明或者实用新型的性质不适于用上述方式撰写的，独立权利要求也可以不分前序部分和特征部分。例如下列情况：

（1）开拓性发明；

（2）由几个状态等同的已知技术整体组合而成的发明，其发明要点在组合本身；

（3）已知方法的改进发明，其改进之处在于省去某种物质或者材料，或者是用一种物质或材料代替另一种物质或材料，或者是省去某个步骤；

（4）已知发明的改进在于系统中部件的更换或者其相互关系上的变化。

4. 从属权利要求的撰写规定

根据专利法实施细则第二十三条第一款的规定，发明或者实用新型的从属权利要求应当包括引用部分和限定部分，按照下列规定撰写。

（1）引用部分：写明引用的权利要求的编号及其主题名称。

（2）限定部分：写明发明或者实用新型附加的技术特征。

从属权利要求只能引用在前的权利要求。引用两项以上权利要求的多项从属权利要求只能以择一方式引用在前的权利要求，并不得作为被另一项多项从属权利要求引用的基础。

（二）说明书

1. 说明书的撰写方式和顺序

（1）技术领域：写明要求保护的技术方案所属的技术领域。

（2）背景技术：写明对发明或者实用新型的理解、检索、审查有用的背景技术；有可能的，并引证反映这些背景技术的文件。

（3）发明或者实用新型内容：写明发明或者实用新型所要解决的技术问题以及解决其技术问题采用的技术方案，并对照现有技术写明发明或者实用新型的有益效果。

（4）附图说明：说明书有附图的，对各幅附图作简略说明。

（5）具体实施方式：详细写明申请人认为实现发明或者实用新型的优选方式；必要时，举例说明；有附图的，对照附图说明。

2. 名称

发明或者实用新型的名称应当清楚、简要，写在说明书首页正文部分的上方居中位置。

（1）说明书中的发明或者实用新型的名称与请求书中的名称应当一致，一般不得超过25个字；

（2）采用所属技术领域通用的技术术语，最好采用国际专利分类表中的技术术语，不得采用非技术术语；

（3）不得使用人名、地名、商标、型号或者商品名称等，也不得使用商业性宣传用语。

3. 技术领域

发明或者实用新型的技术领域应当是要求保护的发明或者实用新型技术方案所属或者直接应用的具体技术领域,而不是上位的或者相邻的技术领域,也不是发明或者实用新型本身。

4. 背景技术

发明或者实用新型说明书的背景技术部分应当写明对发明或者实用新型的理解、检索、审查有用的背景技术,并且尽可能引证反映这些背景技术的文件。

5. 发明或者实用新型内容

(1) 要解决的技术问题。针对现有技术中存在的缺陷或不足,用正面的、尽可能简洁的语言客观而有根据地反映发明或者实用新型要解决的技术问题,也可以进一步说明其技术效果。

(2) 技术方案。一件发明或者实用新型专利申请的核心是其在说明书中公开的技术方案。至少应反映包含全部必要技术特征的独立权利要求的技术方案,还可以给出包含其他附加技术特征的进一步改进的技术方案。

一般情况下,说明书技术方案部分首先应当写明独立权利要求的技术方案,其用语应当与独立权利要求的用语相应或者相同,以发明或者实用新型必要技术特征总和的形式阐明其实质,必要时,说明必要技术特征总和与发明或者实用新型效果之间的关系。

然后,可以通过对该发明或者实用新型的附加技术特征的描述,反映对其作进一步改进的从属权利要求的技术方案。

如果一件申请中有几项发明或者几项实用新型,应当说明每项发明或者实用新型的技术方案。

(3) 有益效果。说明书应当清楚、客观地写明发明或者实用新型与现有技术相比所具有的有益效果。

6. 附图说明

说明书有附图的,应当写明各幅附图的图名,并且对图示的内容作简要说明。在零部件较多的情况下,允许用列表的方式对附图中具体零部件名称列表说明。

附图不止一幅的,应当对所有附图作出图面说明。

实用新型一定有附图。

二、案例一 "拖地鞋"（实用新型）

中华人民共和国国家知识产权局

510080 广东省广州市越秀区竹丝岗二马路37号之一617室(珠鹰大酒店) 广州市红荔专利代理有限公司 黄大宇	发文日期 2007年08月24日

申请号：200620154776X

申请人：詹镇鑫

发明创造名称：拖地鞋

授予实用新型专利权及办理登记手续通知书

1. 根据专利法第40条及其实施细则第54条的规定，上述实用新型专利申请经初步审查，没有发现驳回理由，现作出授予专利权并办理登记手续的通知。

2. 依照专利法实施细则第54条及专利局第75号公告的规定，申请人应当于<u>2007年11月8日</u>之前缴纳下列费用：

    第2年度年费　　　　180元　　　2(减缓标记)
    专利登记费　　　　　200元
    专利证书印花税　　　5元
    已缴费用　　　　　　0元
    应缴费用　　　　　　385元

    申请人按期缴纳上述费用的，国家知识产权局将作出授予专利权的决定，颁发实用新型专利证书，在专利登记簿上登记专利权的授予，专利权自公告之日起生效。申请人期满未缴纳或未缴足上述费用的，视为放弃取得专利权的权利。

3. 授予专利权的上述实用新型专利以公告文本为准，公告文本将寄交专利权人。

4. 自本通知发文之日起收到申请人主动修改的申请文件，将存入档案，不予审查。

5. 缴纳费用通过邮局汇付的，请寄北京市海淀区蓟门桥西土城路6号国家知识产权局专利局费用管理处(100088)；缴纳费用通过银行汇付的，请寄交户名：国家知识产权局专利局，开户银行：中国工商银行北京北太平庄支行，账号：0200010009014400518；汇款时应准确写明申请号、费用名称及分项金额。
    未写明申请号和域费用名称的视为未办理缴费手续。
    特此通知
    根据专利法实施细则第九十一条规定，凡向专利局缴纳各种费用的应写明正确的申请号或专利号以及费用名称，未写明的视为未办理缴费手续。

中华人民共和国国家知识产权局

审查员：孙静元　　　　　　　　　　　　审查部门：实用新型审查部
2007年08月21日

回函请寄：100088 北京市海淀区蓟门桥西土城路6号　国家知识产权局专利局受理处收
（注：凡寄给审查员个人的信函不具有法律效力）

实用新型专利请求书

请按照本表背面"填表注意事项"正确填写本表各栏 | 此框内容由专利局填写

⑥ 实用新型名称	拖地鞋		① 申请号 （实用新型）
			② 分案提交日
			③ 申请日
⑦ 设计人	詹镇鑫　郑金贵　廖育良		④ 费减审批
			⑤ 挂号号码

⑧ 申请人	第一申请人	姓名或名称	詹镇鑫		
		单位代码或个人身份证号	441802198507253855		
		国籍或居所地国家或地区	中国	电话	13560370985
		地址　邮政编码 510510　省、自治区、广东省　直辖市名称　　　　　　市（县）名称 广州市 城区（乡）街道、门牌号　广州大道北1098号广东工贸职业技术学院实训中心			
	第二申请人	姓名或名称	郑金贵		
		国籍或居所地国家或地区	中国	电话	13560369480
		邮政编码 510510　地址　广东省广州市广州大道北1098号广东工贸职业技术学院实训中心			
	第三申请人	姓名或名称	廖育良		
		国籍或居所地国家或地区	中国	电话	13580461845
		邮政编码 510510　地址　广东省广州市广州大道北1098号广东工贸职业技术学院实训中心			

⑨ 联系人	姓名 陈黄祥	电话 13229415646
	邮政编码 510510　地址　广东省广州市广州大道北1098号广东工贸职业技术学院实训中心	

⑩ 确定非第一申请人为代表人声明	特声明第____申请人为申请人的代表人

⑪ 代理	代理机构	名称	广州市红荔专利代理有限公司		代码 44214
		邮政编码 510080		电话 020-83276401	
		地址　广东省广州市东山区竹丝岗二马路37号619室（珠鹰大酒店）			
	代理人	姓名 黄大宇		代理人2	姓名
		工作证号 4421401538.9			工作证号
		电话 020-83276401			电话

⑫ 分案申请	原案申请号	原案申请日　年　月　日

12101（第1页）2002.4

☐ 初审程序 ☐ 授权后程序 ☐ 实审程序	**费 用 减 缓 请 求 书**			

请按照本表背面"填表注意事项"正确填写本表各栏

① 专利或申请	申请号		申请日	年　　月　　日
	发明创造名称	拖地鞋		
	申请人	詹镇鑫　郑金贵　廖育良		

② 请求费用减缓的理由(申请人为个人，请求减缓费用必须准确填写个人年收入状况)：

　　申请人詹镇鑫是学生，没有收入；申请人郑金贵是学生，没有收入；申请人廖育良是学生，没有收入。现请求减缓专利申请费、专利批准后三年内的年费。

③ 附件清单

　　☐ 上级主管部门出具的关于企业亏损情况的证明
　　☐ 上级主管部门出具的关于非企业单位经济困难情况证明

④ 申请人签章 詹镇鑫　郑金贵 廖育良 　　2006 年 12 月 14 日	⑤ 专利局处理意见 　　　　　　　　年　月　日

10009　　2002.4

专利代理委托书

请按照本表背面"填表注意事项"正确填写本表各栏

根据专利法第十九规定，兹

委 托　广州市红荔专利代理有限公司

邮编、地址　广东省广州市东山区竹丝岗二马路37号619室(珠鹰大酒店)

☑ 1.代为办理名称为 拖地鞋 的发明创造

申请　　☐ 发明专利(申请号为：　　　　　　　)

　　　　☑ 实用新型专利(申请号为：　　　　　　　) 以及在专利权有效期内的全部专利事务。

　　　　☐ 外观设计专利(申请号为：　　　　　　　)

☐ 2 代为办理宣告名称为 _____

　　　　专利号为 _____ 的专利无效事务。

☐ 3. 代为办理其它有关事务。

(上述 1、2 项只能任选一项，同时选择一项以上的委托书无效)

专利代理机构接受上述委托并指定代理人　黄大宇　、_____　办理此项委托。

委托人(单位或个人)　詹锭鑫　郑金贵　廖育良　(盖章或签字)

被委托人(专利代理机构)　　　　　　　　　　(盖章)

2006年12月14日

10008　　2002.4

说　明　书　摘　要

拖地鞋是一种室内清洁用鞋，它包括鞋帮和鞋底，鞋底下面有防水层，防水层下面设置有清洁布；防水层可以是橡胶片，也可以是塑料布；鞋底和防水层之间通过尼龙搭扣连接；鞋底上面有蘑菇凸块。本实用新型具有防水性强、健身省力的特点，不但将拖地清洁过程与走路运动结合成一体，还可以按摩足部。本实用新型适宜在家庭、宾馆、宿舍等场合使用。

摘　要　附　图

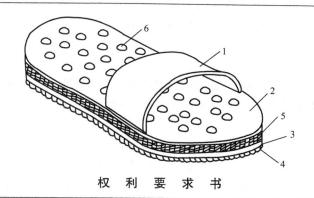

权　利　要　求　书

1. 一种拖地鞋，包括鞋帮（1）和鞋底（2）。其特征在于：鞋底（2）下面有防水层（3），防水层（3）下面设置有清洁布（4）。

2. 根据权利要求1所述的拖地鞋，其特征在于：防水层（3）是橡胶片。

3. 根据权利要求1所述的拖地鞋，其特征在于：防水层（3）是塑料布。

4. 根据权利要求1所述的拖地鞋，其特征在于：鞋底（2）和防水层（3）之间通过尼龙搭扣（5）连接。

5. 根据权利要求1所述的拖地鞋，其特征在于：鞋底（2）上面有蘑菇凸块（6）。

说　明　书

拖地鞋

技术领域

本实用新型是一种室内清洁用鞋。

背景技术

现有的拖鞋，只是由鞋帮和鞋底组成，如果将拖地清洁过程与走路运动结合成一体，则不但可以达到清洁的效果还可以健身省力。在专利号为99215724.2的专利申请介绍了一种拖地鞋，其特征在于"在所述的鞋底的外表面上粘结一层'维可牢'尼龙搭扣，在鞋底下通过尼龙搭扣粘结一由纤维、毛发、塑料、布或尼龙编织而成的拖把形底的鞋下底，其内表面设有由布、纤维、橡胶、塑料、木材、尼龙或皮革制作而成的内层，在该鞋下底内层的表面上粘结有一层'维可牢'尼龙搭扣"。但是，这种拖地鞋鞋底没有防水层，容易造成渗水，使拖地鞋实用性大大下降。

发明内容

本实用新型的目的在于提供一种防水性强、健身省力的拖地鞋。

本实用新型包括鞋帮和鞋底，鞋底下面有防水层，防水层下面设置有清洁布。

作为本实用新型的进一步改进，防水层是橡胶片。

作为本实用新型的进一步改进，防水层是塑料布。

作为本实用新型的进一步改进，鞋底和防水层之间通过尼龙搭扣连接。

作为本实用新型的进一步改进，鞋底上面有蘑菇凸块。

本实用新型有防水层，它处于鞋底下面，使用者清洁时，清洁布上的水便不会往上渗到使用者的脚底，配合蘑菇凸块，更可锻炼身体，有益健康。本实用新型结构防水性强，使用方便。

附图说明

以下结合附图对本实用新型作进一步的详细说明。

图1是本实用新型实施例1的示意图；

图2是实施例2的示意图。

具体实施方式

参见图1，实施例1包括鞋帮1和鞋底2，鞋底2下面有防水层3，防水层3下面设置有清洁布4。下表面和防水层3用尼龙搭扣5扣接在一起，防水层3是橡胶片，穿上拖地鞋，用脚带动拖地鞋去地板上的污渍处来回移动,清洁布 4 就能把污渍擦掉并且吸附在其上;当清洁布 4 需要清洗或更换时,只需把尼龙搭扣 5 解开,就可以使清洁布 4 连同防水层 3 与鞋底 2 分离。有了防水层 3,清洁布 4 上的水便不会往上渗到使用者的脚底。

参见图 2,实施例 2 与实施例 1 基本相同,其不同在于防水层 3 是塑料布,并且鞋底 2 上面有蘑菇凸块 6,蘑菇凸块 6 有按摩使用者脚底的健身效果。

本实用新型适宜在家庭、宾馆、宿舍等场合使用。

说 明 书 附 图

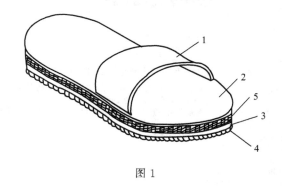

图 1

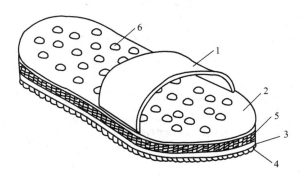

图 2

三、案例二 "可保温的方便面容器"
（实用新型）

中华人民共和国国家知识产权局

510080

广东省广州市越秀区竹丝岗二马路37号之一617室（珠鹰大酒店）
广州市红荔专利代理有限公司
黄大宇

发文日期 2007年08月24日

申请号：200620154776X

申请人：张国辉

发明创造名称：可保温的方便面容器

授予实用新型专利权及办理登记手续通知书

1. 根据专利法第40条及其实施细则第54条的规定，上述实用新型专利申请经初步审查，没有发现驳回理由，现作出授予专利权并办理登记手续的通知。

2. 依照专利法实施细则第54条及专利局第75号公告的规定，申请人应当于<u>2007年11月8日</u>之前缴纳下列费用：

  第2年度年费 180元 2(减缓标记)
  专利登记费 200元
  专利证书印花税 5元
  已缴费用 0元
  应缴费用 385元

  申请人按期缴纳上述费用的，国家知识产权局将作出授予专利权的决定，颁发实用新型专利证书，在专利登记簿上登记专利权的授予，专利权自公告之日起生效。申请人期满未缴纳或未缴足上述费用的，视为放弃取得专利权的权利。

3. 授予专利权的上述实用新型专利以公告文本为准，公告文本将寄交专利权人。

4. 自本通知发文之日起收到申请人主动修改的申请文件，将存入档案，不予审查。

5. 缴纳费用通过邮局汇付的，请寄北京市海淀区蓟门桥西土城路6号国家知识产权局专利局费用管理处（100088）；缴纳费用通过银行汇付的，请寄交户名：国家知识产权局专利局，开户银行：中国工商银行北京北太平庄支行，账号：0200010009014400518；汇款时应准确写明申请号、费用名称及分项金额。

  未写明申请号和域费用名称的视为未办理缴费手续。

  特此通知

  根据专利法实施细则第九十一条规定，凡向专利局缴纳各种费用的应写明正确的申请号或专利号以及费用名称，未写明的视为未办理缴费手续。

审查员：王灵威
2007年08月21日

审查部门：实用新型审查部

中华人民共和国国家知识产权局

说 明 书 摘 要

可保温的方便面容器属于速食容器领域，它包括容器体和密封顶盖，密封顶盖封合在容器体开口边缘上，密封顶盖有掀耳，在掀耳的底面有粘胶层，粘胶层表面覆盖有硅性纸。本实用新型具有安全卫生、使用方便、成本低廉和保温效果好的特点，适宜在各种速食产品容器中使用。

摘 要 附 图

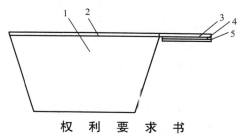

权 利 要 求 书

1. 一种可保温的方便面容器，它包括容器体（1）和密封顶盖（2），密封顶盖（2）封合在容器体（1）开口边缘上，密封顶盖（2）有掀耳（3），其特征在于：在掀耳（3）的底面有粘胶层（4），粘胶层（4）表面覆盖有硅性纸（5）。

说 明 书

可保温的方便面容器

技术领域

本实用新型涉及一种速食容器，特别是一种可保温的方便面容器。

背景技术

现有的方便面容器，只是由容器体和密封顶盖组成，当打开密封顶盖泡面后，容器体与密封顶盖处于分开状态，使方便面暴露在空气中，达不到保温的效果，需用重物压住密封顶盖才能达到保温的效果。在专利号为95202103.X的专利申请中描述一种改进结构的速食品杯、碗盖，它"由保丽龙或硬纸制成的杯口形或碗口形盖体，盖体外周缘上有一与杯、碗体开口外缘处凸点同形的凸点，其特征在于：所述盖体周缘上以凸点为中心有一层与杯、碗体开口同形的粘膜和附着在粘膜上的离型纸，离型纸凸点小于所述盖体的凸点，离型纸及盖体周缘上有供盖体与杯、碗体开口粘合的胶层"。这种方便面容器在泡面时可以用盖体周缘上的粘膜把碗盖粘住，保温效果比较好，但是，这种方便面容器粘贴覆盖面比较大，食用时可能会连粘体一同吃下，不太卫生，且成本较高。

发明内容

本实用新型的目的在于提供一种比较卫生、方便简单、成本低廉的可保温的方便面容器。

本实用新型包括容器体和密封顶盖，密封顶盖封合在容器体开口边缘上，密封顶盖有掀耳，在掀耳的底面有粘胶层，粘胶层表面覆盖有硅性纸。

本实用新型有粘胶层，粘贴层位于碗口以外的掀耳处，可以粘贴在碗的外围，所以食物不会接触到粘胶层，使用时，更加干净卫生。本实用新型结构简单，使用方便，生产成本较低而且保温效果好。

附图说明

以下结合附图对本实用新型作进一步的详细说明。

图1是本实用新型实施例的示意图；

图2是本实施例的结构示意图；

图3是本实施例的粘贴层粘贴住容器体的示意图；

图4是本实施例的粘贴层粘贴住容器体的结构示意图。

具体实施方式

参见图1、图2，本实施例包括容器体1和密封顶盖2，密封顶盖2封合在容器体1开口边缘上，密封顶盖2有掀耳3，在掀耳3的底面涂有粘胶层4，粘胶层4表面覆盖有硅性纸5。当容器未使用前，容器体1和密封顶盖2呈密封状态。当需要食用方便面时，只需把密封顶盖2的掀耳3拉起使部分密封顶盖2和容器体1分离，往容器体1里的方便面倒入热开水，再揭下粘胶层4上覆盖着的硅性纸5，露出粘胶层4，接着往外拉紧掀耳3并把掀耳3折向下方，从而使粘贴层4粘贴在容器体1上。此时密封顶盖2和容器体1呈密封保温状态（如图3、图4所示）。方便面泡好以后，把掀耳3从容器体1上拉开就可使密封顶盖2和容器体1分离。

本实用新型的粘胶层位于碗口以外的掀耳处，而且粘贴时的粘贴部位在碗的外围，所以食物不会接触到粘胶层，它的使用是安全卫生的。本实用新型的结构简单，生产成本较低和保温效果好，容易推广，适宜在各种速食产品容器中使用。

说 明 书 附 图

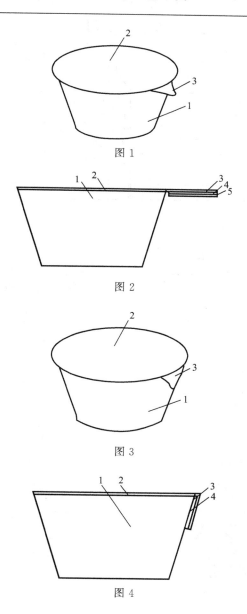

图 1

图 2

图 3

图 4

四、案例三　三毛挂钩
（外观设计）

【申请号】20063014601＊＊	【申请(专利权)人】唐＊＊
【申请日】2006.09.1＊	【地址】541000 广西壮族自治区桂林市＊＊＊＊号
【名称】三毛挂钩	【发明(设计)人】唐＊
【公开(公告)号】CN366296＊	【国际申请】
【公开(公告)日】2007.06.＊＊	【国际公布】
【主分类号】14-＊＊	【进入国家日期】
【分案原申请号】	【专利代理机构】
【分类号】14-＊＊	【代理人】
【颁证日】	【摘要】
【优先权】	

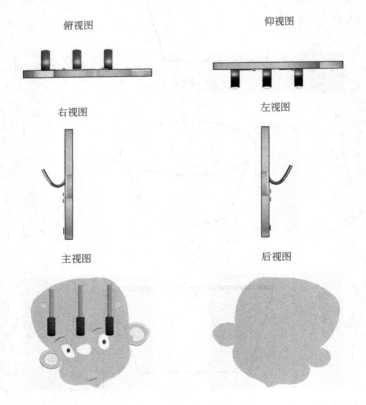

五、案例四　牛头型茶壶
（外观设计）

【申请号】200630146449.*	【申请(专利权)人】***
【申请日】2006.09**	【地址】*****
【名称】牛头型茶壶	【发明(设计)人】*****
【公开(公告)号】CN366415*	【国际申请】
【公开(公告)日】2008.07.**	【国际公布】
【主分类号】02-0*	【进入国家日期】
【分案原申请号】	【专利代理机构】*****
【分类号】02-0*	【代理人】***
【颁证日】	【摘要】
【优先权】	

俯视图

仰视图

右视图

左视图

主视图

后视图

六、案例五　手提折叠自行车（发明专利）

[19] 中华人民共和国国家知识产权局　　　　　　　[51] Int. Cl.
　　　　　　　　　　　　　　　　　　　　　　　　B62K 15/00　(2006.01)

[12] 发明专利申请公布说明书

[21] 申请号　200710026477.7

[43] 公开日　2007年8月22日　　　　　　　　　　[11] 公开号　CN 101020485A

[22] 申请日　2007.1.24
[21] 申请号　200710026477.7
[71] 申请人　黎景鸿
　　　地址　510405 广东省广州市广园中路景泰新
　　　　　　村北街36号702室
[72] 发明人　黎景鸿

权利要求书1页　说明书3页　附图1页

[54] 发明名称
　　　手提折叠自行车
[57] 摘要
　　　本发明属于涉及自行车技术领域，确切是说是一种手提折叠自行车。车横梁结构为平行四边形折叠机构，前伸缩上立杆连带车把插入前下立杆中，用锁紧机构紧固，后伸缩上立杆连带车座插入后下立杆中，用锁紧机构紧固，前叉和后叉支撑在前、后车轮上；前连接板、前上横梁、前下横梁和侧连杆组成前四边形，后连接板、后上横梁、后下横梁和侧连杆组成后四边形，通过上连杆滑板、下连杆和锁紧机构使整部车前后连接。本发明可以解决同类产品的不足之处，使自行车折叠后体积

小，重量较轻，方便携带和收藏，实用、舒适和安全。

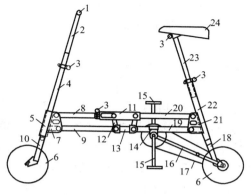

  1.一种手提折叠自行车，其特征在于：横梁结构采用可变的平行四边形方式的折叠机构，使整部车可从前后向中间折叠起来，前伸缩上立杆（2）连带车把（1）插入前下立杆（4）中，可伸出或缩进，用锁紧机构（3）紧固，后伸缩上立杆（23）连带车座（24）插入后下立杆（22）中，可伸出或缩进，用锁紧机构（3）紧固，整部车的结构和重量通过前叉（10）和后叉（18）支撑在前、后车轮（6）上。

  2.根据权利要求1所述的手提折叠自行车，其特征在于：前连接板（7）、前上横梁（8）、前下横梁（9）和侧连杆（12）组成前四边形，后连接板（21）、后上横梁（20）、后下横梁（19）和另一块侧连杆组成后四边形，并通过上连杆滑板（11）、下连杆（13）和锁紧机构（3）使整部车前后连接起来，组成一个几何不变的车身构架。

  3.根据权利要求1所述的手提折叠自行车，其特征在于：在可骑行状态时，当打开锁紧上连杆滑板（11）的锁紧机构（3），用手握住上连杆滑板（11）向上拉起时，前后的两个平行四边形就变成几何可变体，带动前、后车体各部件向车的中部折叠，同时中轴滑块会带动中轴和链轮向后滑动，并在中轴撑杆（16）的限制下停在适当的位置，再把前、后立杆（4）和（22）的锁紧机构（3）打开，缩进前、后上立杆（2）和（23），以及打开车座（24）上的锁紧机构（3），折下车座（24），整部车就可折叠起来，此时处于可收藏或携带状态。

200710026477.7

说 明 书

手提折叠自行车

技术领域

本发明属于涉及自行车技术领域,确切说是一种手提折叠自行车。

背景技术

纵观目前市场上各种各样的折叠自行车,折叠后体积庞大,不便收藏、摆放和随身携带,而且搬动困难,这对女士、小孩、老人和体弱者,其难度更为明显。有些折叠自行车折叠后虽然有体积较小,重量较轻等特点,但由于发明者过于追求这些特点而忽略了实用性和使用时的舒适度,使得这些折叠车的实用性和舒适度甚至安全性都大打折扣,变成了近乎于大小孩车了,所以有必要在这方面进行深入研究和开发。

发明内容

本发明的目的在于:解决上述同类产品的不足之处,使自行车折叠后一要体积小,二要重量较轻,三要方便携带和收藏,四要实用、舒适和安全。

本发明解决其技术问题所采用的技术方案是:本发明特征在于横梁结构采用可变的平行四边形方式的折叠机构,使整部车可从前后向中间折叠起来,前伸缩上立杆连带车把插入前下立杆中,可伸出或缩进,用锁紧机构紧固,后伸缩上立杆连带车座插入后下立杆中,可伸出或缩进,用锁紧机构紧固,整部车的结构和重量通过前叉和后叉支撑在前、后车轮上;前连接板、前上横梁、前下横梁和侧连杆组成前四边形,后连接板、后上横梁、后下横梁和另一块侧连杆组成后四边形,并通过上连杆滑板、下连杆和锁紧机构使整部车前后连接起来,组成一个几何不变的车身构架;此时处于可骑行状态,当打开锁紧上连杆滑板的锁紧机构,用手握住上连杆滑板向上拉起时,前后的两个平行四边形就变成几何可变体,带动前、后车体各部件向车的中部折叠,同时中轴滑块会带动中轴和链轮向后滑动,并在中轴撑杆的限制下停止在适当的位置,再把前、后立杆的锁紧机构打开,缩进前、后上立杆,以及打开车座上的锁紧机构,折下车座,整部车就可折叠起来,此时处于可收藏或携带状态,折叠后尺寸约为70cm×40cm×15cm,出外可放进汽车座椅下面或飞机的行李箱中,在楼房里可放进椅子、睡床、办公桌或书桌的下面。

本发明的有益效果是：解决同类产品的不足之处，使自行车折叠后体积小，重量较轻，方便携带和收藏，实用、舒适和安全。

附图说明

图1为本发明结构示意简图。

图2为本发明折叠后示意简图。

如图所示各数字分别表示如下：1.车把；2.前伸缩上立杆；3.锁紧机构；4.前下立杆；5.车架前管；6.车轮；7.前连接板；8.前上横梁；9.前下横梁；10.前叉；11.上连杆滑板；12.侧连杆；13.下连杆；14.中轴滑块；15.脚蹬；16.中轴撑杆；17.链条；18.后叉；19.后下横梁；20.后上横梁；21.后连接板；22.后下立杆；23.后伸缩上立杆；24.车座。

具体实施例

如图所示各数字分别表示如下：1.车把；2.前伸缩上立杆；3.锁紧机构；4.前下立杆；5.车架前管；6.车轮；7.前连接板；8.前上横梁；9.前下横梁；10.前叉；11.上连杆滑板；12.侧连杆；13.下连杆；14.中轴滑块；15.脚蹬；16.中轴撑杆；17.链条；18.后叉；19.后下横梁；20.后上横梁；21.后连接板；22.后下立杆；23.后伸缩上立杆；24.车座。

本发明特征在于横梁结构采用可变的平行四边形方式的折叠机构，使整部车可从前后向中间折叠起来，前伸缩上立杆2连带车把1插入前下立杆4中，可伸出或缩进，用锁紧机构3紧固，后伸缩上立杆23连带车座24插入后下立杆22中，可伸出或缩进，用锁紧机构3紧固，整部车的结构和重量通过前叉10和后叉18支撑在前、后车轮6上；前连接板7、前上横梁8、前下横梁9和侧连杆12组成前四边形，后连接板21、后上横梁20、后下横梁19和另一块侧连杆组成后四边形，并通过上连杆滑板11、下连杆13和锁紧机构3使整部车前后连接起来，组成一个几何不变的车身构架；此时处于可骑行状态，当打开锁紧上连杆滑板11的锁紧机构3，用手握住上连杆滑板11向上拉起时，前后的两个平行四边形就变成几何可变体，带动前、后车体各部件向车的中部折叠，同时中轴滑块会带动中轴和链轮向后滑动，并在中轴撑杆16的限制下停在适当的位置，再把前、后立杆4和22的锁紧机构3打开，缩进前、后上立杆2和23，以及打开车座24上的锁紧机构3，折下车座

24，整部车就可折叠起来，此时处于可收藏或携带状态，折后尺寸约为70cm×40cm×15cm，出外可放进汽车座椅下面或飞机的行李箱中，在楼房里可放进椅子、睡床、办公桌或书桌的下面。

  本发明可以解决同类产品的不足之处，使自行车折叠后体积小，重量较轻，方便携带和收藏，实用、舒适和安全。

200710026477.7   说明书附图   第1/1页

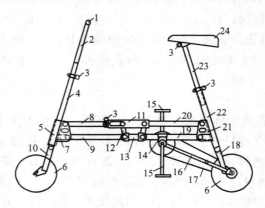

图1

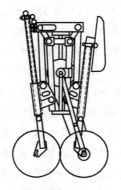

图2

参考文献

[1] 何军民,刘华著. 试论高校学生创造性思维能力的培养. 西安:石油学院学报. 2006.
[2] 罗凡华. 轻松发明. 北京:知识产权出版社,2007.
[3] 禹田. 发明发现故事全知道. 北京:同心出版社,2006.
[4] 张士军. 发明与创造. 沈阳:东北大学出版社,2000.